中国铜铅锌冶炼技术发展散记

本书编委会　组织编写

中国建材工业出版社

北　京

图书在版编目（CIP）数据

中国铜铅锌冶炼技术发展散记/本书编委会组织编写. --北京：中国建材工业出版社，2024.8
ISBN 978-7-5160-4160-4

Ⅰ.①中… Ⅱ.①本… Ⅲ.①重金属冶金－冶金工业－发展－研究－中国 Ⅳ.①F426.32

中国国家版本馆 CIP 数据核字（2024）第 109532 号

中国铜铅锌冶炼技术发展散记
ZHONGGUO TONG-QIAN-XIN YELIAN JISHU FAZHAN SANJI
本书编委会　组织编写

出版发行：	中国建材工业出版社
地　　址：	北京市西城区白纸坊东街 2 号院 6 号楼
邮　　编：	100054
经　　销：	全国各地新华书店
印　　刷：	北京天恒嘉业印刷有限公司
开　　本：	710mm×960mm　1/16
印　　张：	14.25
字　　数：	170 千字
版　　次：	2024 年 8 月第 1 版
印　　次：	2024 年 8 月第 1 次
定　　价：	298.00 元

本社网址：www.jccbs.com，微信公众号：zgjcgycbs
请选用正版图书，采购、销售盗版图书属违法行为
版权专有，盗版必究。本社法律顾问：北京天驰君泰律师事务所，张杰律师
举报信箱：zhangjie@tiantailaw.com　　举报电话：（010）63567684
本书如有印装质量问题，由我社事业发展中心负责调换，联系电话：（010）63567692

内容简介

本书采访了 3 位在有色金属铜冶炼行业与底吹技术有关、具有代表性的科技人物蒋继穆、申殿邦、袁俊智。他们讲述了有色金属行业底吹炼铜技术发展的时代背景，并对铜加工费背后的问题等内容进行了阐述。

本书就有色金属锌冶炼行业当下现状和新上项目等实际情况采访了锌冶炼行业大师李若贵；就有色金属铅冶炼行业的发展采访了技术专家李元香、杨华锋；就矿山行业智能化发展、人才建设等方面，采访了专业人士李永新、翟武弟、曾鑫波。

书中涉及的内容覆盖面广，有的是专业人士站在企业角度看行业发展，有的是业内人士从自身关注的角度为企业出谋划策。

本书适合有色金属行业从事技术、管理等方面工作的人员阅读借鉴，也可以作为大专院校相关专业的参考书籍。

本书编委会

主　编　李幼玲
副主编　郭学益　蒋继穆　申殿邦　李若贵
　　　　　袁俊智　成全明
编　委　杨华锋　胥福顺　郭利杰　杨　森
　　　　　刘彦章　李永新　翟武弟　张　丽
　　　　　曾鑫波　罗雪兰　解立龙　耿文伟

李幼玲（采访人）简介

曾就职于中国有色金属报社，任技术装备版主编。工作期间，在 2009 年、2013 年、2014 年参加过两会报道，采访过有色金属行业的政协委员。采写过不少行业关心的话题，如《为什么今年锌冶炼项目接二连三?》《浸出渣无害化治理补课啦》《世界首创全底吹连续炼铜技术实现环保超低排放》《走进金诚信锡铁山项目部》《河南金利：王屋山下谱写新传奇》等。

蒋继穆简介

蒋继穆，1939年出生。教授级高工，全国工程勘察设计大师，享受国务院政府特殊津贴；曾任中国有色工程设计研究总院副院长兼总工程师、技术委员会主任、中国有色金属学会常务理事、重冶学委会主任、中国硫酸协会副理事长、中国钨业协会理事等职务。作为有色金属行业冶炼领域专家，主持设计多个国内外有色冶炼重点工程，并使中国恩菲核心专长技术——氧气吹熔炼技术成功研发并持续推广。曾经获得国家科技进步奖一等奖、二等奖，全国优秀工程设计特等奖、金奖、银奖、铜奖及部级奖项等诸多奖项。

申殿邦简介

申殿邦，1935年出生。1956—1958年，任原沈阳冶炼厂金银车间技术员；1958—1959年，在锌冶炼镉工段劳动；1960—1965年，任铅电解车间技术组组长；1965—1973年，任沈阳冶炼厂中心实验室技术员，被评为1972年度先进工作者；1974—1984年，任铅电解车间技术员、副主任，1982年入党；1984—1986年，任厂副总工程师兼重冶研究所所长；1986—1995年，任厂总工程师、党委常委（第15届、第16届），1988年4月晋升为教授级高工，1991年7月经国务院批准为享受政府特殊津贴有突出贡献的工程技术专家，1995年退休；2006年，应原东营方圆有色金属有限公司董事长崔志祥的聘请到公司工作。

李若贵简介

李若贵，1951年出生。1977年毕业于中南矿冶学院，中共党员，现为中国恩菲工程技术有限公司教授级高级工程师、项目总设计师、锌冶炼首席专家；2002年被授予全国五一劳动奖章；2012年被评为全国有色金属行业设计大师，曾任国际锌协会高级技术顾问。多次获得省、部级优秀工程设计一等奖、科技进步奖。他先后担任了西北铅锌冶炼厂、株洲冶炼集团、赤峰中色、巴彦淖尔紫金公司、成州锌业公司、温州冶炼厂、安徽池州九华冶炼厂、云南华联锌铟、兴安铜锌等十几项大、中型有色企业工程的总设计师。迄今为止，他是主持设计大型锌冶炼厂数量最多的总设计师，2015年，获得国际锌协会"世界锌工业杰出贡献奖"。

袁俊智简介

袁俊智，1979年出生。包头华鼎铜业发展有限公司总经理、高级工程师；1998年12月—2012年4月，在山东东营方圆有色金属公司工作，任分厂厂长；2012年5月至今，任包头华鼎铜业发展有限公司总经理。个人获奖及荣誉：2010年12月，"富氧底吹高效铜冶炼工艺产业化开发"获得中国有色金属工业科学技术奖一等奖；2011年1月，"氧气底吹熔炼多金属捕集技术"获得山东省科技进步奖一等奖；2018年11月，"富氧熔池熔炼技术升级改造工程"获得2018年度中国有色金属建设协会优秀工程设计奖一等奖；2020年12月，"全热态底吹三连炉铜金连续冶炼技术创新实践"获得中国有色金属工业科学技术奖一等奖。个人获得"全国有色金属行业劳动模范"荣誉称号；2022年8月，获得"鹿城英才"工程常规个人称号；2022年12月，获得内蒙古自治区"草原英才"特定领域专项个人荣誉称号。

序

有色金属是重要的基础原材料，广泛应用于电力、建筑、航空航天、电子信息、国防军工、仪表仪器、汽车等众多领域。有色金属工业生产的性质是向国民经济其他部门提供生产原材料，也提供个人消费品。有色金属工业产品产量、质量、品种，对整个国民经济的科技进步影响重大，与相关行业技术进步息息相关。

随着科技的不断进步发展，我国有色金属工业发生了翻天覆地的变化。2023年，有色金属行业工业增加值同比增长7.5%，增幅较工业平均水平高2.9个百分点；10种有色金属产量达7470万吨，首次突破7000万吨，同比增长7.1%，其中，精炼铜产量1299万吨，同比增长13.5%。在金属铜领域，铜作为新能源产业重要原材料，广泛应用于太阳能、风电和电动汽车等领域。

当下，有色金属行业企业开始向大规模求发展，在这种环境下，为了持续发展，要牢牢把握高质量发展的首要任务，积极响应国家提出的发展新质生产力的要求，坚持从实际出发，因地制宜，用新技术改造提升传统产业，积极促进产业绿色、高端化发展。

本书作者以访谈形式通过对行业专家进行采访，将有色金属行业科技创新技术底吹炼铜的发展过程进行了梳理；在锌领域，对有色金属锌冶炼行业的发展和当下现状及新上项目进行了阐述；同时对铅冶炼行业、矿山行业的技术创新、人才培养、智能化发展等方面也进行了介绍。

本书内容丰富，具有专业性，与纯专业论文书籍比较，富有创新意义。

在底吹炼铜工艺技术方面，由中国恩菲工程技术有限公司与湖南水口山矿务局共同研究开发的底吹炼铜工艺，具有投资少、能耗低、环保等特点，既不用对精矿进行加热干燥，又不用补充任何燃料，在目前世界上的炼铜工艺中，实现了真正意义上的无炭熔炼。

2008年，采用该工艺建设的第一座底吹炼铜厂投产，至2023年已经近15年时间。用底吹炉建设的铜厂以及用底吹炉建设的铅厂共计50多家，底吹炼铜总产能达到了280万吨/年，其中，底吹连续吹炼产能达到95万吨/年，规模大的可年处理精矿180万吨，相当于年产电解铜40万吨的生产规模。2023年，我国铅总产量516.8万吨，其中，矿铅269万吨、再生铅247.8万吨，矿铅中约85％是底吹熔炼，产量228万吨。

《英国金属导报》在2013年3月"前瞻"栏目中对我国自主研发的底吹技术进行评价："该技术指明了金属冶炼行业乃至多个领域未来十年、数十年，乃至上百年的发展方向。"

近年来，连吹技术飞速发展，企业根据技术工艺条件又开发了两底吹炉三段炼铜法、三底吹炉两段炼铜法、热铜锍连吹法、冷铜锍连吹法，以及冷热铜锍混合连吹法等，通过发展，技术水平不断提升。

为了系统地了解底吹炼铜工艺技术，本书就底吹炼铜技术的发展过程及"铜锍底吹连续吹炼"从试验到落地，再到第一家企业利用该技术对PS转炉进行改造，实现"世界首创全底吹连续炼铜新技术"的生产等，进行了系统采访，形成了技术实验—落地—创新等一手材料，并将故事很好地串接起来，把技术的前因后果、来龙去脉交代得清晰生动。这种纪实写法的目的是把行业创新精神更好地发扬光大，让更多人了解技术进步为行业企业发展带来的巨大变化。从指导价值来看，该书对记录和助推行业技术发展具有实际意义。

我相信，在行业技术百花齐放的当下，企业取胜的关键是对市场的充分了解。随着市场顺应时代潮流不断推陈出新，企业也在与时俱进谋发展。通过了解、观察行业发展方向、解决实际问题等提升自身竞争优势，蕴藏在其中的很多观点将具有长久的价值。

蒋继穆
2024 年 2 月

前　　言

我从事新闻工作期间，对有色金属行业"铜锍底吹连续吹炼"从试验到落地，再到第一家企业利用该技术对 PS 转炉进行改造落地等，进行过专题采访报道。

经过多年发展，我国自主研发的连续底吹炼铜技术以技术为引领，带动了一系列装备向高端产业寻求对接发展，技术市场呈现出百花齐放的态势。

全国工程勘察设计大师蒋继穆告诉我，当下有色金属行业企业向大规模求发展。2024 年 3 月，我就当下有色金属铜冶炼企业采用闪速熔炼、底吹熔炼等先进工艺进行扩大生产，比如在年产金属铜 10 万～20 万吨规模的基础上，向年产金属铜 40 万～50 万吨大规模求发展等底吹技术发展的现状，采访了蒋继穆、沈阳冶炼厂原总工程师申殿邦，以及内蒙古包头华鼎铜业发展有限公司总经理袁俊智，三位专业人士结合自身经历分别就铜冶炼行业当前热点问题进行了解读。

记得 2012 年，我在了解底吹炼铜技术历史沿革及发展走向的过程中，听底吹技术专利人蒋继穆说过一番话。他说，为了实现氧气底吹连续炼铜清洁工艺产业化，中国恩菲工程技术有限公司研发的氧气底吹连续炼铜清洁生产工艺在国家"863 计划"项目支持下，针对采用 PS 转炉存在的低空污染等问题，由中国恩菲牵头，联合河南豫光金铅股份有限公司、原东营方圆有色金属有限公司组成试验团队，对铜锍底吹连续吹炼进行半工业试验。当时，三家企业发挥各自专业领域优势，中国恩菲工程技术有限公司提供技术和专家队伍，河南豫光金铅股份有限公司提供试验炉，原东营方圆有色金属有限公司提供 500 吨水淬冷冰铜给河南豫光金铅股份有限公司，共同奋力作战 26 天，试验取得了圆满成功。

铜锍底吹连续吹炼试验成功后，在该技术领域出现了三个第一：河南豫光金铅股份有限公司成为第一家将该技术用于冶炼废渣料多金属综合回收工程项目的企业；原东营方圆有色金属有限公司是应用该技术进行"两步法"炼铜生产的第一家企业；几年之后，内蒙古包头华鼎铜业发展有限公司作为应用该技术对 PS 转炉进行项目改造的第一家企业，世界首创全底吹连续炼铜新技术落地生产，实现了超低排放，为节能环保作出了突出贡献。

蒋继穆结合试验取得的优异成绩进一步对创新精神给予总结：敢于尝试，敢闯敢作为，需要有"第一个吃螃蟹"的精神。

为了宣传试验团队的创新精神，2012 年，我前往河南济源采访了河南豫光金铅股份有限公司试验团队，采写了《26 天打造中国铜冶技术新标高 豫光书写铜冶炼新传奇》；同年，我和同事安会珍前往山东东营采访了原东营方圆有色金属有限公司试验团队，采写了《山东方圆：自主创新是民企的责任》。

之后，我了解到国内 80％的市场需要对影响环保造成低空污染的 PS 转炉进行改造。2020 年，当世界首创全底吹连续炼铜新技术在内蒙古包头华鼎铜业发展有限公司落地一年之际，我前往华鼎铜业，采写了《世界首创全底吹连续炼铜新技术实现环保超低排放》的报道。当华鼎铜业实现了全热流和大氧枪生产，打破了多项行业发展的技术瓶颈时，行业企业受此推动，兴起变革发展的热潮。曙光照亮了铜冶炼行业，各企业坚韧不拔、大胆创新的先进事迹争相涌现，新技术纷纷落地，全行业呈现出勃勃生机。

新技术落地建设，凭借卓越的环保效益和经济效益改写了世界铜冶炼历史，并在不断创新提升过程中，实现了新的跨越。

蒋继穆表示，对企业来说，探索创新之路永无止境。同时他表示，规模做大，能够形成规模效应，抗风险能力强；但小企业也有小企业的优势，转型升级快。

申殿邦提出，创新对行业来说至关重要，工艺技术不会在短时间内取得突破，作为企业，要关心自身生存的具体问题，不断克服实际困难来紧跟发展趋势。

袁俊智就创新阐明了自己的观点。他表示，有创新才有动力和追求，才能提高行业整体发展水平。企业在技术选择方面，没有完美无缺的工艺，只有哪项工艺技术最实用。对企业来说，核心竞争力要看盈利能力。具体来说，就是要考虑生产成本、技术指标、原料适应性（含杂质越高的原料给予的加工费越高），企业应选择在市场上最有竞争力、服务于本企业发展需要的技术工艺。

本书的亮点归纳起来有以下三个方面：

一是选择了三位与底吹技术有关、具有代表性的科技专家。

其中，蒋继穆可谓是开创底吹炼铜技术的第一人。他研发的底吹炼铜技术走出国门，在越南生权大龙冶炼厂工程项目上率先得到运用，也开创了世界采取底吹炼铜技术的先河。该厂建成后，该技术同时对国内铜冶炼厂建设起到举足轻重的带动作用。

2006年，已经退休的申殿邦，应原东营方圆有色金属有限公司董事长崔志祥的聘请，到原东营方圆有色金属有限公司工作。申殿邦在前往越南生权大龙冶炼厂参观考察后，第一时间决定将底吹熔炼技术运用到铜熔炼生产线上。这项创举实现了国内使用该技术零的突破，最终成功应用于年产规模10万吨的粗铜项目建设，并于2008年投产。

2019年7月，袁俊智带领"华鼎人"攻坚克难，实现了世界首创全底吹连续炼铜新技术（即把传统的侧吹精炼炉改为底吹精炼炉，同时三炉错层串连，形成全热态连续炼铜）在内蒙古包头华鼎铜业发展有限公司的落地发展。

他们的相同之处是拥有大情怀、大决心，对有色金属行业发自内心的热爱。

二是行业里除了以专业论文形式对该技术进行撰写记录之外，这是第一本以传统采访形式将该技术通俗地进行论述的书。

三是通过采访记录，讲述企业的创新精神，让更多年轻人看到并将这种有色精神传承下去。

除底吹炼铜技术专家之外，我还采访了全国有色金属行业设计大师李若贵。作为锌冶炼行业技术专家，李若贵就锌冶炼领域新上项目和在建项目进行了介绍。

在此，非常感谢蒋继穆在耄耋之年为本书作序，感谢申殿邦心系有色行业，感谢李若贵前瞻的理念，感谢袁俊智以企业的视角对行业现状进行了细致入微的分析。

同时，我还就矿山行业采访了李永新、翟武弟、曾鑫波，感谢他们带来了基层最为关注的话题，谢谢大家的鼎力相助。

多有不足之处，敬请读者朋友指正！

李幼玲

目　　录

铜冶炼篇 ·· 1
我心目中的蒋大师 ·· 3
春日暖阳 ·· 7
新质生产力成为热词 ·· 9
炉子产量提升到 40 万～50 万吨算大吗？ ······················· 10
规模化发展的意义是什么？ ···································· 11
以前建成一个工厂需要 10 年时间 ······························ 15
项目立项需要多长时间？ ······································ 19
给年轻人传授经验 ·· 20
把国家利益放在心上 ·· 21
底吹炼铜技术由底吹炼铅技术演变而来 ·························· 22
底吹炼铜技术落地越南大龙冶炼厂 ······························ 27
底吹炼铜项目在国内诞生 ······································ 29
转炉的低空污染问题 ·· 34
技术上遵循"先破后立" ······································· 37
沉甸甸的收获 ·· 39
为什么把"冷铜锍底吹连续吹炼半工业试验"放在豫光？ ··· 41
方圆公司为冷铜锍试验做了哪些贡献？ ·················· 48

华鼎铜业第一家对PS转炉进行改造 …………………………… 54
　　落后的真吹炉工艺 …………………………………………………… 62
　　铜冶炼时代的最初模样 ……………………………………………… 65
　　技术自信 ……………………………………………………………… 75
　　实现渣口、铜口、加料口机械化，向智能化生产迈进 …… 76
　　铜冶炼技术百花齐放 ………………………………………………… 79
　　两种工艺技术互为补充 ……………………………………………… 82
　　绽放工艺优势 ………………………………………………………… 84
　　88美元加工费背后需要理性 ………………………………………… 87

铅冶炼篇 …………………………………………………………………… 93
　　从冶炼渣目估品位说起 ……………………………………………… 95
　　铅冶炼行业的"土专家"李元香 …………………………………… 97
　　铅冶炼行业的技术专家杨华锋 ………………………………… 103

锌冶炼篇 ………………………………………………………………… 109
　　从不吝啬言语指导 ………………………………………………… 111
　　逐一攻破"卡脖子"关键装备技术 ……………………………… 112
　　投产是检验设计成功与否的关键标准 ……………………… 118
　　186平方米流态化焙烧炉实现跨越 ……………………………… 121
　　工艺技术存在客观合理性 ………………………………………… 123
　　世界上锌冶炼最清洁的工厂 ……………………………………… 126
　　技术保密是有原则的 ……………………………………………… 128
　　工程设计必须一次成功 …………………………………………… 130
　　火烧云项目对锌冶炼规模产生的作用 ………………………… 134
　　锌冶炼企业新上项目的特点 ……………………………………… 137

矿山篇 … 141

- 绿色开采与智能开采将并驾齐驱 … 143
- 智能矿山推进遭遇"肠梗阻" … 145
- 普通人安身立命的根本 … 147
- 矿区采治同步协调发展意义深远 … 152
- 自动化减人是大势所趋 … 155
- 智能发展不能一哄而上"摊大饼" … 157
- 快速缩小人才断层 … 160
- 最大化实现自有矿山的安全保障 … 162

记者生涯小花絮 … 165

- 第一次跑两会 … 167
- 洋洋洒洒的美文 … 172
- 领路人 … 174
- 第一次见到尾矿库 … 181
- 平凡地开出属于自己的那朵花 … 186
- 意外的惊喜 … 188
- 去过德令哈 … 189
- 分享采访感受 … 193
- 记述真实的故事 … 198
- 用专业性让改革成果遍地开花 … 200
- 致谢 … 203

铜冶炼篇

我心目中的蒋大师

在有色金属行业，人们尊称蒋继穆为蒋大师。这是因为蒋继穆发明创新的技术不胜枚举。提到氧气底吹技术，比如，"金精矿流态化焙烧浆式进料""ISP工艺用考贝炉取代金属换热器""红土矿还原焙烧煤气循环利用""底吹熔炼铅精矿""底吹熔炼铜精矿""底吹连续炼铅""底吹连续炼铜"等技术，行业人就会想到蒋继穆。

这些年，我一直跟随"有色院人"亲切地称他蒋院长。

有幸认识蒋院长，还是10多年前的事情。当时，有色金属行业企业在河南济源召开评价会，蒋院长作为氧气底吹技术专家参加了会议。我前去报道会议。会后，会议方给我安排了一项任务，就是回京路上照顾好蒋院长。当时，蒋院长70多岁。

从河南到北京当时还没有高铁，我记得好像只有历时4个多小时的动车。这一路，我问了很多问题，蒋院长不厌其烦，没有一点儿架子。他和蔼可亲，有问必答。

蒋院长作为有色金属行业技术专家，每次接受采访时，遇到我不懂的技术名词，他都会"掰开了揉碎了"地向我解释。

我问："蒋院长，铜是怎么炼出来的？"

蒋院长告诉我，首先把铜精矿放入熔炼炉进行熔炼，熔炼之后在吹炼炉进行吹炼变成粗铜，粗铜再通过精炼电解变成电解铜。生产电解铜过程中，由于铜精矿中含有硫化物成分，在冶炼时硫化矿生成二氧化硫，在对二氧化硫进行回收过程中制成了硫酸，可以作为化工行业的产品进行销售，由此，企业多了作为利润增长点的副产品硫酸。另外，在电解精炼过程中，又会产出阳极泥，铜冶炼企业通过对阳极泥进行回收得到金银等。这样一来，不仅生产了电解铜，铜原料中的有价值的元素也全部得到了利用。当然，还有氧化矿湿法冶炼，铜的冶炼工艺有20多种。

可以说，是蒋院长带领我入门有色冶炼行业并对该领域真正发自内心地热爱，潜下心来认真探索挖掘其发展本质，将行业的大小事用文字记录传承下来。他可谓是我一生的贵人。多年后，我怀着感恩之心向他表达感激之情，蒋院长语重心长地说："不管谁来采访，我一视同仁，因为报道的技术语言和专业知识一定要统一，出了差错会给你们的工作带来很大影响。"

蒋院长简简单单几句话，从大局出发，彰显了性格和风骨，让人受益，促人进步。

后来，我喜欢写一些与技术方面有关联的文章，弄不明白的地方，常去向他请教。那时候，从中国有色金属工业协会大楼二楼过道直接可通往设计院，3分钟左右就能走到。设计院2号楼有一间宽敞的办公室，里面坐着3位退休的老院长。我每次走进办公室，分别向盛院长、王院长、蒋院长问好。

三位老院长性格迥然不同。

王院长亲切和善，爱说爱笑，他每次都细心地用俩纸杯给我泡上热气腾腾的茶水，生怕开水烫着我，那份细腻至今让我感动。然后我就坐在王院长办公桌对面，听他讲最近去了四川哪个企业出差，过几天又要准备去湖南哪个企业考察，他聊起稀土，眼里有光芒；说起标准制订，他自信满满，仿佛有说不完的话，可以看出，他对稀土行业的满腔热忱。

记得第一次我去他们办公室找蒋院长,当时,我还不认识王院长,王院长热心地问我是哪个单位的,叫什么名字,熟悉之后,再见到王院长,他能直接叫出我的名字:"李幼玲,你坐下,我给你变个魔术。"

只见王院长在信笺背面画着什么,一小会儿,他把信笺放到半空让我看,我看到正面出现了我的名字。

我赞叹:"王院长,您太神奇了,还会这种写法?"王院长笑得满面春风。

盛院长的座位正好和王院长背对着,每次打完招呼,盛院长总是友好地点点头,轻声细语地回个"你好",然后接着忙手上的活。我曾请教过他一次,是关于索道技术的问题。盛院长的普通话非常标准,嗓音洪亮。当我请教他问题时,他特别热情,而且毫不吝啬地讲解。在讲到为什么华山西峰客运索道设计难度之大、路线复杂时,他从前期选线、论证开始,讲到设计、施工、安装、调试,直至通过验收。他说:"华山西峰客运索道建设历经10年之久,可谓'十年磨一剑'。"

就这样,我常带着问题去他们办公室请教。那些年,那间办公室温暖着我前行的脚步,让我感受到太多的善良。现在回忆起来,满是三位老人慈祥的面庞和谆谆地教导。

由于去冶炼企业较多,我请教蒋院长次数相对频繁。蒋院长说话语速慢,不急不躁。他说,有色金属矿山、冶炼厂多分布在边远地区,由于有色金属矿物原料多为复合原料,常常会伴生多种有价金属,从矿石采选到金属成品等生产过程,要想把金、银、铋、镉、铟、镓等各种有价金属分离出来,实现资源最大化利用,冶炼技术的复杂性不言而喻。同时,有色金属在生产过程中,材料消耗量以及电能和热能消耗量都较大,而且会产生烟气和废渣,回收利用好的话可以作为相关行业用原料,可一旦用不好,将会对生态和环境造成极大污染。

我做编辑工作时,企业投来关于顶吹、侧吹或是底吹的稿件洋洋洒洒一大篇。刚开始接触这些技术术语时,根本不清楚其间的区别所在，完全是一头雾水、晕头转向。于是，我就去请教蒋院长。当时，蒋院长就把这些炉子的氧枪部位画出来，慢慢地，我知道了顶吹、侧吹、底吹是不同的技术方法。我从蒋院长这儿听得最多的是污染转移、低空污染、科技创新、自动控制等词汇，可谓是前瞻性的思维理念。当时觉得遥不可及的事物，如今，很多已经转化为了现实。随着新质生产力的提出，科技创新、环保节能更是引发空前的关注，我对老一辈人的崇敬感油然而生。

我常问："蒋院长，污染转移是什么意思？"

"污染转移，就是经济比较发达的国家地区将污染转移给其他落后国家或地区的情况。"蒋院长回答。

"蒋院长，冶炼过程的低空污染是什么意思？"

"就是二氧化硫、氮氧化物气体飘浮在空中，污染环境，难以治理。"

"蒋院长，为什么要自动控制？"

"减少劳动力，降低用人成本，减轻工人劳动强度。"

可以说，从那时候开始，行业相关的很多术语我慢慢地明白了一些。平时不懂就去请教，像热铜锍通过溜槽进行生产，什么是溜槽，如何实现溜槽的封闭运行等。很多时候，蒋院长都在纸上画给我看，他把一个一个炉子也画出来，告诉我哪个是熔炼炉，哪个是吹炼炉，哪个是精炼炉。慢慢地，这些名词术语不再陌生。

10多年时间，在我心目中，蒋院长一直像师者传道、授业、解惑，我像一个学生在浩瀚的知识海洋里努力地学习。

10年，在人生的长河里说长也长，说短也短，当细细碎碎的记忆一点点浮现出来，那条走过的路，那亲切的笑容，那些画在纸上的底吹炉样子，点点滴滴回味无穷；也是这10年，教会了我处变不惊、心境平和，在我失意困顿之际，赋予了我越挫越勇的激昂斗志，孰是孰非变得不再那么重要，即使身处逆境也能够微笑面对，我发自内心由衷地感激。

春日暖阳

2024年3月7日，我拨通了蒋院长的电话，并说明缘由，征求意见采访他。蒋院长爽快地答应了我的采访请求。

3月9日那天，沐浴着春日暖阳，我兴高采烈地向羊坊店路走去。

这条路是我上班坐公交、地铁必经之路，熟悉又亲切。

我记得电话里约时间，蒋院长说9点钟，结果我一分钟都没耽搁，按时到达，当时，蒋院长刚吃完早餐，桌子上还摆着几碟下饭菜，有咸黄瓜、腐乳等，屋子里散发着淡淡的早餐清香。多么美好的一天。

坐下来后，彭阿姨（蒋院长爱人）给我递来可乐，拿来零食红薯干，她说这是湖南特产，并说她小时候最爱吃红薯干了。我拿了一片品尝起来，脆生生，香而甜，吃出了故乡的亲切。

我记得大约5年前的金秋时节，蒋院长和彭阿姨说家里的柿子熟了，结果他们提着8个金灿灿的柿子在办公大楼外等着我，我收到了谐音"柿柿如意"的大柿子，同时收到了两位长者的关怀。

今天，我来采访，心想不要耽误老人家太多时间，但还是占用了他们不少时间。

我们一边唠嗑，一边开启了话题。采访从行业企业加大产能向规模化发展等话题展开，蒋院长对这一现象娓娓道来，还给予企业一些建设性意见。说起底吹技术，作为"冷铜锍底吹连续吹炼"专利发明人，对创新历程如数家珍。我瞧了一眼放在窗台的时钟，多么希望时间能走得慢一些，可时钟并不理会我此刻的心情。嘀嗒声中，我记录着珍贵的叙述，那是一个老专家对有色金属行业呕心沥血的热爱。

新质生产力成为热词

李幼玲：蒋院长，您好！感谢您接受我的采访，最近您在关注全国两会的哪些话题？

蒋继穆：今年全国两会期间，对新质生产力感受很深。新质生产力的提出，不仅意味着以科技创新推动产业创新，更体现了以产业升级构筑新竞争优势，赢得发展主动权。新质生产力的形成和发展，离不开源源不断的科学进步和技术创新，可以说，是科技时代的来临，就是各种资源要素合理配置，强劲推动高质量发展。

在高质量发展中，我国有色金属行业已经走在了发展前列。我国铜产量已经占据了世界铜产量的50%以上。2023年，精炼铜产量1299万吨，同比增长13.5%。一方面，说明我国的技术很先进，成本低；另一方面，也反映了我国对铜的需求量不断增加，比如城市化的发展、农村电气化的普及，以及汽车行业和电器拥有量的快速增长，都使得铜领域消费迅猛增加。

现在，铜冶炼企业向先进技术要效益，同时，炉子产能已经开始向40万~50万吨规模化求发展，这是当下的现状。

就发展而言，有色金属行业企业应该强化科技创新主体地位，不断提升自主创新能力。

炉子产量提升到
40万～50万吨算大吗？

李幼玲：企业都向大规模发展，单系列炉子产能提升到40万～50万吨，产量算大吗？

蒋继穆：就规模来看，这样的规模的确算大。就铜企业来说，这是因为行业企业中原黄金公司年处理180万吨精矿量，相当于年产40万吨电解铜的生产规模，有了生产企业的实际产能经验作借鉴，行业其他企业才敢大胆尝试改变原有状况去发展。从发展趋势来看，规模化发展将成为必由之路。

作为企业来说，目前，关键是要向自动化、数字化、智能化高端发展去努力，而不在于追求大规模。做大做强关键在强，要看企业是否有创新能力，不能好高骛远，一味追求"高大上"，不是"高大上"就一定适合企业发展，也不是新装备一定就好，而是要体现经济效益。

规模化发展的意义是什么？

李幼玲：上规模的意义是什么？

蒋继穆：对于企业来说，比如10万吨规模产能需要的操作人员和40万吨规模需要的操作人员大致相同。当劳动生产率提高了4倍时，人工成本只有1/4，经济效益显著。作为企业家，办企业的目的就是权衡利弊，追求经济效益最大化。

在有色金属工业中，由于大部分铜原料依靠进口，其国内市场价格受国际市场影响，也会受世界经济发展变化的影响。

激烈的市场竞争，可能会带来价格下降，导致利润减少。

李幼玲：都大规模上产能，市场蛋糕就这么大，小企业如何更好地生存发展？

蒋继穆：最后就是优胜劣汰，适者生存。规模小的企业指标难与规模大的企业进行比较，特别在单位消耗及环保方面更是如此。所以小企业要体现自己的技术优势和技术专长，强调唯一性，给自己定位，比如在综合回收力度上下苦功，一定要思考自身的核心竞争力在哪里。

所有工业项目建设的目的就是生产出符合社会需求的商品来取得经济效益，并利用技术把各种资源"吃干榨尽"进行获利。这其中包括要收回投资，因为建设项目需要投入大量资金，所以投产后要有足够的盈利。

对于大规模上产能，不能人云亦云，看到别人赚钱就扩大规模，而是要对市场需求进行全方位调研。比如，工程建设、技术、经济等因素，原料、燃料、建设规模等实际情况，以及对产品和副产品的品种情况等要有足够的了解；要在研究的基础上，不断进行全面分析思考，多方位进行比较。比如，各种物料运距。铁路运输、公路运输、船舶运输等价格对企业的成本体现；对工艺技术、建厂地区等制约因素要有足够了解。比如，采用底吹炼铜工艺还是选择闪速熔炼炼铜工艺等，各自优劣势要进行经济比较。

通过比较，寻找更为合理的经济技术方案，做到对资源进行最大化配置利用，同时，通过比较，可以将工程和技术变为技术经济手段，寻求合理的技术方法。

不论选择哪个工艺技术，都要进行仔细分析，分析各技术的优缺点，真实因素分析越细致、越透彻，技术指标越真实准确，因为每个技术方案的特点各有不同。比如，炉子吃杂能力、炉子造价、炉子布置安装难易、炉衬单价、维修周期等都要综合考虑，而任何技术指标不同都会影响经济指标。

从近些年的发展来看，企业要想盈利，需要较大的科技投入，不能闭门造车，要走出去学习其他企业的先进经验，互利共赢。

李幼玲：蒋院长，您认为冶炼企业现在最关心的话题是什么？

蒋继穆：企业竞争、产能过剩、原料短缺、效益下降、环保压力、安全要求，这些对于企业来说，是永恒话题。

从原料来看，我国矿产资源有限，原料短缺是长期性难题。铜原料中，大部分是进口矿石，谁的成本低，谁就能站稳脚跟；从技术层面来说，通过多年发展，当下铜冶炼工艺技术都很成熟，技术上很难再把能耗降低，成本也就维持现状，技术挖潜增效已经掘地三尺，对技术创新企业而言，要有超前思维，不能总跟在其他企业后面适应市场发展。

对企业来说，当下可以做的是提高劳动生产率。从管理方面提高效益毕竟有限，真正导致企业压力的因素是市场行情、产品价格、原料等的影响。比如，电力能耗高决定了产品的价格，该因素属于不可抗力范畴；人力工资方面，薪酬增加，成为趋势；从固定投资看，设备价格高、厂房建设费用高，折旧就高；综合回收方面，实现最大化利用，能凸显效益，比如有些原料虽然不好，但可利用价值高，比如像高价值元素，如金、银、铟、锗、镓等，还有基本元素如铜、铅等，但前提是企业是否有资源可回收，以此实现价值最大化。

就产能和价格等因素来看，不是哪一个企业具有控制权，从矿山，到冶炼厂，再到加工领域，都要受到市场的制约。

李幼玲：您给予企业当下一些什么建议？

蒋继穆：当下，经营企业并非容易，企业每时每刻存在各种问题和挑战，各种压力接踵而至。比如，环保倒逼、清洁生产、安全系数等越来越严格，哪个环节都不能掉以轻心，企业一把手如履薄冰。

要培养工人提高操作水平，这是降低成本的关键一步。比如，每天3个生产班组，存在不同生产指标，有的班组消耗低，有的班组就高，3个班组都要达到最好的操作水平，还要保障设备完好率，如果设备出现事故，停产一周，就会损失一周的利润；要尽量提高设备年作业率，这对工厂效益至关重要，现在企业一般一年检修一次，一次检修一个月，如果企业一年不检修，利润可提高至百分之百，所以延长检修时间就是节能降耗。

要想持续发展，一是解决原料来源，二是建立标准化管理体系，三是把好环保关。管理者要保证在做好环保的基础上让企业多盈利。而不能像以前一些企业在排放上做手脚，环保设备白天不生产，污染物晚上偷偷排放，虽然成本降低了，但给环境造成了严重污染。要规范操作要求，只有保护好生态，才是发展新质生产力的正道，并时时念好安全经，安全生产大于天。

当下，作为实体企业，要坚定信心、砥砺奋进、再攀高峰，走好高质量发展之路。

以前建成一个工厂需要 10 年时间

李幼玲：您设计了多少工厂？以前一个厂从设计到投产要多长时间？您的设计理念是什么？

蒋继穆：以前，像白银冶炼厂、大冶有色、株洲冶炼厂、云南冶炼厂、会泽铅锌厂等，我都参加过设计工作，加上后来的底吹炼铜、底吹炼铅等技术领域，共设计了 40 多家工厂，包括像阿尔巴尼亚的镍钴厂、越南的铜厂和印度的铅厂。以前建成一个工厂很不容易，要用 10 年左右时间，非常漫长。

我的设计理念是，每设计一个工厂，技术要有所进步，不能照抄照搬，不能和前一个工厂一模一样，不能因陈守旧，要有创新精神，最好的创新就是下一个工厂要有自己的工艺特点，要在市场形成自己的竞争优势。

李幼玲：设计了这么多工厂，您体会最深的是什么？

蒋继穆：现在，建一个年产 10 万吨铅厂，18 个月就投产了，放在以前，不敢想，很奢望。

20 世纪 70 年代以前，我国主要沿用苏联的技术和装备，尚未建立起自己的工业体系，设计、施工、工程投产管理均缺少经验，与工程配套的各类公用设备几乎没有。

我记得 1962 年分配到有色设计院做设计工作时，最普通的公用设备皮带运输机、矿石给料机都是非标，至于斗式提升机、刮板运输机、矿石搅拌机等就更不用说了，都要临时设计。当时，我们院设备室 120 多人都忙不过来，因为设计进度快不了，工程进度自然受限制。国家当时缺钢材，料仓都是混凝土制作的，好不容易把厂子建设起来了，投产试车没有一年半载，物流拉不通；系统不是皮带跑偏，就是料仓堵料，第一个五年计划 1953 年开始设计的株洲冶炼厂到 1964 年才基本建成投产，花了 11 年时间。

改革开放后，我国开始引进发达国家的先进技术和设备，在消化、吸收、创新的基础上，仅用 20 年左右就建立起了我国完整的工业体系，造就了大批具有丰富经验的优秀设计师和施工队伍，以及有经验的工厂管理者、优秀的工程技术人员和熟练的操作工人。

工程建设进度实现了飞速发展。2004 年 2 月，福建紫金公司要中国恩菲在内蒙古巴彦淖尔紫金公司设计两个 10 万吨/年的锌厂，仅用了 13 个月。2005 年 5 月，这两个厂就建成投产。我给意大利有色金属同行介绍后，他们非常惊讶，说建设这样规模的锌厂，当时在西方国家一般得用 24~36 个月。

有色金属行业建厂如此高速，有以下原因：设计技术已炉火纯青；边设计边施工，抢工期；企业业主都有强大的经济实力和组织管理经验；国家发展已经相当强大，工程配套各类设备和专用材料应有尽有，精准对接；施工队伍专业性强，道路、电网、水网厂址平整，主体、辅助车间等同时开工。

这些年，我们设计了这么多工厂，设计一个，建设投产一个，技术一个比一个先进，建设进度一个比一个快。这是邓小平同志改革开放政策建立起中国特色的社会主义市场经济制度，造就了生产力高速发展，这些铁的事实让我体会最深。

李幼玲：这 10 年您还记得解决过哪些问题吗？

蒋继穆：当然记得。

当时，我们都是"趴图板"用手画图纸，画图灯、尺子、各种大小圆规、铅笔等应有尽有。在设计过程中，像输送皮带长度、风机规格等所有设备方向尺寸都要体现在图上。那时候，我们办公室图纸堆成小山一样。

20世纪60年代，老同志在设计方面较为保守，我当时请教他们怎么做设计，他们说，建好的厂设计规范、生产流畅，就从中借鉴。后来，我渐渐明白，当时建一个工厂长达10年时间，存在方方面面制约因素。比如，国产设备能耗大、故障率高，生产环节磕磕绊绊不顺畅，加上通信不发达，很多问题层出不穷，根本不是想解决某个问题就能解决。可以说，这些问题让老同志们心有余而力不足。

自从开始画图做设计，老同志们碰到的困难，我都遇到过，10年时间，项目投产前就被各种难题羁绊，我们需要不断地解决大大小小的故障。比如，今天风机出问题了，过段时间输送皮带又偏离了轨道。我记得有一年在金川出差，企业采用闪速炉工艺生产，投产十多天，炉子还在烤炉阶段燃烧，导致风机轴承出了状况，后来经过检查，发现鼓风机是某企业家属分厂生产，质量不达标，影响了投产进程。

虽说生产阶段故障处理是常事，但如果辅助设备难以与先进装备相匹配，最终会制约发展的脚步。

就拿料仓设计来说，混凝土料仓由于摩擦系数大，给料时，料仓遇阻不通畅，需要人工捅料，人工捅料安全风险大，下料问题解决不了，生产受阻，生产线难以投产，各个环节相互制约。

再比如，矿山皮带输送，这一环节技术含量最小，安全系数大，可是由于受企业安装水平和制造水平所限，设备企业生产的标准皮带并不标准，皮带安装后动不动就"跑偏"，需要无数次修正才能解决。

再比如做试验，1970年，我去上海阿尔巴尼亚试验厂做试验，试验时间为10年，我做了8年试验。那8年，不是做一个技术方面的试验,而是要做一系列试验,比如焙烧、提镍、提钴等,每个步骤都要通过试验大关取得有效数据才能进行下一步设计。前一环节试验通过后,接着进行下一环节试验,当时,没有任何参数可借鉴,比如,设计规模多大、需要多长时间、设备直径规格等数据必须通过试验得到参数后才敢设计。为了获得工程化数据,我们始终坚持做试验,掌握规律,用数据说话,一个环节都不能少,求真务实,夯实基础。

虽说10年时间仅做试验就占去一大半,但回过头来看,千里之行,始于足下,这10年非常值得。在实验室分析现象、寻找本质,不断探索,通过实践检验真理,为后来工厂快速建设打下了坚实基础。如果没有一个又一个10年的蓄积力量,没有一个又一个在实验室苦苦等待和磨砺的日子,就没有今天大刀阔斧的创新和实践成果。

那10年给我的体会是,选择什么样的人生目标,就要付出与之对等或者更高的行动和努力。

项目立项需要多长时间？

李幼玲：建设用了 10 年时间，包括项目立项吗？

蒋继穆：不同工程表现不同建设周期。前期不好估计，影响因素较多，比如没有资金干不成、环保安全不到位审批难过关，同时，技术不成熟一样受制约，从立项到开工，这一过程难以估计，甚至多年都无法正式开工的现象也存在。

我记得云南普朗铜矿，当时被列为云南省"三个一百"重点工程，从 2004 年开始立项，经历了可研、环评及审批等手续办理，到 2014 年正式开工建设，直到 2020 年，普朗铜矿一期采选工作才通过竣工验收。

时间就是效益，现在规模化发展，有些铜冶炼企业手续办理仅需 6 个多月，2 年就能建成投产。这就是当下的速度。说明时代已经发生了天翻地覆的变化，就像高速列车滚滚向前，不可阻挡。

给年轻人传授经验

李幼玲：您给年轻人传授点经验吧？

蒋继穆：要不怕苦、不怕累，有时间多深入生产现场，去一线锻炼，走专业化的发展之路，要在项目中成长，因为每一个项目都是由很多专业组成的综合体，如果能在项目中历练，成长很快。

对冶炼企业要有全方位的了解，在学习专业理论知识的同时，要了解冶炼厂的生产能力、工艺方案和流程、主要产品生产工艺、综合利用工艺等；了解主要生产车间、辅助车间、附属车间的布置情况；了解废渣、废气、废液处理工艺，以及其他主要消耗指标，比如辅助材料、燃料动力的需要量等。优秀的项目工程就是对这些自然资源、人力资源、技术资源进行有机结合，实施最佳配置，从而寻求合理技术方案，达到最佳经济效果。

对于年轻人来说，只有在实践中不断践行，才能发现问题、解决问题，才能收集关键的数据和素材，要用实践检验可行性，建立完善的科学方法；要奋发图强、摸爬滚打，才能做出成绩。

把国家利益放在心上

李幼玲：蒋院长，能谈谈您的初心是什么吗？您和底吹技术炼铜的渊源有哪些？

蒋继穆：我的初心就是积极努力工作，心系大局，不把荣誉看太重，把国家的利益放在首位。国家养育了我，我才有今天的成就。个人的前途与国家命运紧密相连，为国家做力所能及的事情。全力提高工厂效益，让行业受益于技术进步带来的高效益，这样国家才能繁荣强大。当专业能为行业企业实现资源最大化利用和带来效益时，是我发自内心的动力。

要说与底吹炼铜技术的渊源，底吹炼铜技术实际上由底吹炼铅技术演变而来。

底吹炼铜技术由底吹炼铅技术演变而来

李幼玲：刚才您说底吹炼铜技术由底吹炼铅技术演变而来，您能讲讲其发展历程吗？

蒋继穆：说到底吹炼铜工艺，要从氧气底吹炼铅工艺开始说起。那是1989年，白银公司引进了德国QSL炼铅技术——一步炼铅法。当时，为了给白银公司培训操作技术工人，我们在湖南水口山铅厂设计建造了一个底吹炉试验装置，在底吹炉中喷氧气将铅精矿中的硫化铅转变为氧化铅。QSL炼铅技术是前面氧化、后边还原，直接产出粗铅和炉渣，因为铅精矿本身属于硫化矿，第一段将硫化矿氧化成氧化铅，氧化铅通过第二段粉煤还原生成金属铅和炉渣，还产生一氧化碳和二氧化碳气体。

可是该工艺从气氛来说不利于还原，因为烟气没有分成两个出口，气体均从一个口排出，氧化气氛和还原气氛混合在一起，缺点暴露无遗，氧化时炉里二氧化硫需制酸，后面还原又生成了一氧化碳和二氧化碳，由此造成制酸规模大，操作过程既要控制还原，又要控制氧化，难度很大，故白银公司引进QSL炼铅技术没有成功。

当时，铅冶炼厂主要采用烧结机—鼓风炉进行还原生产，采用烧结机生产的弊端是烟气量大，二氧化硫浓度低，国内又没有低浓度制酸经验，这样一来，尾气全部排空，环境污染很大，这一现象成为制约有色金属行业铅冶炼发展的一大难题，亟待解决。

为了解决环保难题,我们深入实际,创新提出在保留鼓风炉的前提下,取消烧结机的改造方案,主要是考虑把底吹前一段的硫化铅进行氧化变成氧化铅,熔体铸锭通过在鼓风炉加焦煤进行还原,由此来解决铅污染环保问题。

就这样,把工艺改成了底吹氧化,用鼓风炉还原来进行铅生产,由此一来,烧结机生产带来的低空污染问题得到了有效解决。

随着取消烧结机工艺方案的实施,很多厂家积极配合,行业掀起用新方案对生产线进行改进的热潮,炼铅技术向前迈进了一步,取得阶段性提高。

但我们的问题又来了。在技术不断摸索中,我们发现鼓风炉在生产过程中因为能耗高,还需要焦炭进行还原。焦炭价格高,还原成本也很高。为了进一步解决鼓风炉还原带来的问题,我们突发奇想:底吹之后,氧化铅液体用低价还原剂且直接用底吹炉进行还原会怎样?通过机理分析,底吹熔炼取消烧结机,氧化铅铸锭,把热渣冷却成块,再放鼓风炉里化开,这样一来,消耗了更多的热量,取消鼓风炉后,热渣直接通粉煤用纯氧底吹炉还原,既节省了化料能耗,而且气体量减少了很多,能耗可降低40%。

因为鼓风炉用氧气受限,只能用空气,最多用26%的富氧,而底吹技术拥有100%富氧,鼓风量减少近75%,能将78%的氮气进行分离,烟气温度高达1000多摄氏度,烟气量少,带走的能耗随之减少,而如果是空气冶炼,整个烟气带走的能量占6%~70%,能耗很高。基于此,想采用两个炉子分开生产,用第一个炉子进行底吹氧化,第二个炉子进行底吹还原,决定进行底吹氧化和底吹还原试验,并用天然气加粉煤替代焦煤进行熔体还原试验,试验结果意外收获了熔炼过程中物料硫、铁氧化自身产生热量,不需要燃料实现了自热熔炼,也实现了无焦还原,试验大获成功。

通过实践创新,我们尝到了创新和成功带来的喜悦。当时,行业采用底吹熔炼生产的企业为了节能降耗，相继拔掉鼓风炉，将老工艺改成底吹熔炼和底吹还原工艺，采用氧气底吹熔炼技术炼铅，不但不会产生粉尘烟气，还可以捕捉到占总硫量的98%～98.5%的硫，而且98%～98.8%的烟气硫能生成硫酸，环保效益得到进一步提升。

由此，有色金属铅冶炼行业开始采用氧气底吹熔炼技术进行第二次技术革新，并得到推广，约8年时间，全国近30家炼铅厂纷纷采用氧气底吹熔炼技术投入工业生产，行业企业生机勃勃，抢抓机遇，奋力前行，争做时代弄潮儿。

铅 冶 炼

一、氧气底吹熔炼＋鼓风炉还原是第一步，后除祥云飞龙集团外，有13家企业将鼓风炉还原改为侧吹还原。2002—2012年投产。

企业名称	投产时间	铅年产量（万吨）
豫光金铅集团	2002—2012年	8
湖南水口山铅冶炼	2002—2012年	10
灵宝新凌铅厂	2002—2012年	8
祥云飞龙集团	2002—2012年	6
金利金铅集团	2002—2012年	8
湖南郴州冶炼厂	2002—2012年	8
江西金德铅厂	2002—2012年	8
内蒙古兴银铅冶炼	2002—2012年	8
西豫有色金属有限公司	2002—2012年	10
洛阳永宁科技有限公司	2002—2012年	8
广西苍梧有色金属冶炼有限公司	2002—2012年	6
内蒙古乌拉特后期	2002—2012年	8
湖南银星有色冶炼有限公司	2002—2012年	10
内蒙古双源	2002—2012年	8
印度德里巴		10

二、氧气底吹＋侧吹还原

企业名称	投产时间	铅年产量（万吨）
河南万洋冶炼集团	2002—2012 年	16
河南金利金铅集团	2002—2012 年	16
湖南华信	2012—2014 年	10

三、双底吹炼铅

企业名称	投产时间	铅年产量（万吨）
河南安阳	2012—2014 年	10
山东恒邦	2012—2014 年	10
云南沙甸	2012—2014 年	10
内蒙古赤峰山金	2012—2014 年	10
云南蒙自	2012—2014 年	6
河南豫光金铅	2020—2024 年	35
灵宝新灵	2020—2024 年	20
西豫有色	2020—2024 年	20

从表中可看到当时铅行业利用底吹技术生产的真实情况，数据一目了然。

那段时间，在利用底吹还原的试验过程中，工艺进展顺畅，但喷嘴寿命很短，这些不尽如人意的现象，导致了试验停止。我们奇思妙想拓宽思路：既然底吹熔炼能把铅吹成氧化铅，能不能利用该工艺把铜吹成氧化铜？心里顿时有了想法，于是在上级的支持下，我们有针对性地进行试验，用理论指导实践。通过试验，硫化铜吹成了氧化铜，氧化铜和硫化铜相互反应后，直接生成了金属铜。底吹炼铜技术就这么一段熔炼、一段吹炼研发成功了。

听起来，好像炼铜技术轻而易举就实现了，实际一路走来，这些"金点子"都是长期以来通过大量工程技术项目不断对接、不断反馈、反复试验，才实现了质的飞跃，可以说是技术积累到一定时期的有效突破。

以前，国内炼铅和炼铜工艺相同，都是烧结、鼓风炉。炼铅是先烧结成氧化铅，再在鼓风炉还原成金属铅，由于铜精矿含硫高，烧结后仍然含硫，鼓风炉熔炼后还是硫化物，称作冰铜或铜锍，是硫化亚铜和硫化亚铁的混合物，含铜 40% 左右；而通过熔炼炉，比如底吹炉或闪速炉工艺等能产出含铜 70% 的冰铜，然后通过转炉吹炼成粗铜。

底吹熔炼铜还有一个优势就是物料在铜冶炼过程中不用干燥，能实现自热熔炼技术，粗铜单位能耗处于世界最低，具有极高的熔炼强度。另外，在炼铜试验过程中，我们还发现底吹炼铜比炼铅效果好，喷嘴寿命更长，可坚持半年以上，而底吹炼铅的喷嘴只能坚持一个月。

随着底吹炼铜技术的研发成功，技术落地才是检验真理的唯一标准，于是开始实施推广工作。

底吹炼铜技术落地越南大龙冶炼厂

李幼玲：实施技术推广后，第一家落地的是哪家企业？

蒋继穆：当时，正好赶上越南生权大龙冶炼厂要建设一个年产量1万吨铜冶炼厂，该铜厂就采用了底吹工艺进行设计生产。

这是我们国家第一个输出氧气底吹熔炼技术的项目。底吹炼铜工艺走出国门，第一家推广到了越南，工艺选择氧气底吹熔炼—转炉吹炼—反射炉精炼，并且采—选—冶一条龙由设计院进行设计，2008年1月，该厂熔炼炉正式投料，一次试车成功。

之所以国内只有试验厂，敢于直接推荐到国外建厂，是因为越南建厂规模只有1万吨铜/年，而试验厂已达3000吨铜/年，扩大比不到4，是有十分把握的。反观国内，当时，建厂规模要求达10万吨铜/年，扩大比超30，反而有较大风险。越南建厂顺利投产，为国内推广该技术创造了更好的条件。

这是越南第一个铜冶炼厂，以前，越南的铜精矿都向外进行销售，自从越南有了铜冶炼厂，改变了越南国家矿产铜冶炼从无到有的历史。

该项目落地达产几年后，越南生权铜联合企业提出要加大产能改造，对越南老街省大龙冶炼厂进行二期扩建项目规划。二期扩建项目为2万吨。

当时，这个项目投产后存在一个问题，就是吹炼炉的炉渣含铜量高达百分之一点多，后来，我们在国内采取了渣选矿技术解决了这一难题。

渣选矿的优势，除回收铜外，主要是把尾矿中含铜量低的炉渣通过研发进行广泛利用，可以实现"吃干榨尽"，综合利用资源，降低成本。

底吹炼铜项目在国内诞生

李幼玲：当时，国内的情景是怎样的？

蒋继穆：对于国内来说，技术走出国门后，有了用氧气底吹熔炼—转炉吹炼—反射炉精炼底吹工艺建设越南生权铜联合企业大龙冶炼厂的技术经验和示范工程，国内企业开始陆续用该技术进行设计生产。有的企业生产规模提升到年产 10 万吨能力，也有的企业生产规模甚至提升到 20 万吨年生产能力。

国内第一家采用该技术落地的企业是原东营方圆有色金属有限公司。2008 年 8 月，国内首个具有 10 万吨生产规模的"造锍捕金"示范工程——东营方圆氧气底吹炼铜项目举行了点火仪式。

（图中左十为蒋继穆，左九为申殿邦）

紧接着，山东恒邦复杂金精矿综合回收技术改造工程采用富氧底吹熔炼"造锍捕金"工艺进行设计。通过氧气底吹熔炼—转炉吹炼—反射炉精炼进行生产，整个工艺包括火法、湿法、制氧、制酸、渣选矿等，年处理复杂金铜精矿26万吨，年产铜5万吨、硫酸25万吨，年产黄金8.37吨。从设计到投产，经过18个月的施工和建设，2010年，顺利产出冰铜和炉渣。

该项目首次采用富阳底吹熔炼"造锍捕金"工艺对金精矿进行加工提炼、生产贵金属，也是自越南生权铜联合企业以及东营方圆工程后又一个底吹炼铜新工艺成功落地的范例。

应用富氧的特点是烟气中含二氧化硫浓度高，制酸条件好，能有效地保护环境；运用"造锍捕金"工艺处理复杂金精矿，能最大限度地回收有价元素。由此，底吹炼铜市场得到了不断开拓和发展。

后来，灵宝金城冶金有限公司采用氧气底吹造锍捕金技术和多种先进环保处理技术，首次应用底吹熔炼—底吹吹炼—阳极炉精炼"三连炉"热连冶炼工艺，提高了原矿物的回收率，大大提高了热能利用率；首次采用硫化氢处理污酸，提高了重金属的回收率，减少了固废排放，降低了生产成本。

2011年，富氧底吹炼铜技术列入"中国有色金属工业重大科技成果项目"。

李幼玲："造锍捕金"最通俗的解释是什么？

蒋继穆：就是在炼铜中加入金精矿，把金富集在冰铜里，相比于湿法炼金，回收率能提高几个百分点。

冰铜又称锍，是硫化铁和硫化亚铜的混合物，硫化铁把氧化亚铜除掉，只剩硫化亚铜，又称白冰铜。冰铜有很强的熔解金的能力，在进一步除硫时，金就进入铜中。也就是说，在火法炼铜过程中，不是为了捕金而造锍，而是为处理硫化铜矿资源形成的锍。锍能捕金，而硫化亚铜和金属铜有很强的熔解金的能力。

后来，湖南水口山矿务局淘汰了原有鼓风炉冶炼系统，采用底吹炼铜技术（"水口山炼铜法"）处理难处理的金精矿、硫精矿等，在实施产业升级的基础上，资源得到最大化利用。当时，湖南水口山矿务局项目（包括矿山），设计规模为年产55.5万吨混合铜精矿、阴极铜10万吨，主要产品包括高纯阴极铜、硫酸、阳极泥等，采用"氧气底吹熔炼—PS转炉吹炼—回转式阳极炉精炼"工艺，选用了1台底吹炉＋3台转炉＋2台阳极炉进行生产，这个项目于2014年开始建设，2016年投产，建设时间短，项目进展迅速。

当时，采用底吹工艺生产的还有河南中原黄金冶炼厂有限责任公司整体搬迁升级改造项目，采用"氧气底吹熔炼—旋浮吹炼—回转式阳极炉精炼—不锈钢永久阴极电解—贵金属回收—渣选矿"工艺进行生产，项目一期于2015年投产，设计规模为年处理精矿150万吨，原料是金精矿和铜精矿。

2016年，青海铜业有限责任公司阴极铜工程开工建设，采用"氧气底吹熔炼＋底吹吹炼＋阳极炉精炼"工艺进行生产，2018年顺利点火。该工程建设规模初期为年产阴极铜10万吨、硫酸36万吨等，氧气底吹熔炼具有熔化速度快、炉料适应性强等特点。

那些年，采用底吹炉生产工艺的行业企业新上项目或改扩建项目遍地开花，形势喜人。

一、底吹熔炼——底吹连续吹炼产能总计95万吨/年，实际产能将到达125万吨

企业名称	产量（万吨）	投产时间
豫光金铅股份有限公司	12	2014年3月
东营方圆有色金属有限公司	26	2015年9月
国投金城冶金有限责任公司	15	2018年9月

续表

企业名称	产量（万吨）	投产时间
青海铜业有限责任公司	14	2018 年 6 月
包头华鼎铜业发展有限公司	10	2019 年 5 月
紫金矿业集团多宝山铜冶炼厂	18	2019 年 8 月
河南豫光二期铜冶炼厂	30	预计 2026 年

二、底吹熔炼＋多枪顶吹或闪速吹炼或转炉吹炼

企业名称		产量（万吨）	投产时间
中原黄金冶炼厂	闪吹	40	2015 年
山东恒邦股份	转炉	12	2010 年
越南大龙冶炼厂	转炉	1	2008 年
山西垣曲铜冶炼厂	转炉	12	2014 年
湖南水口中山冶炼厂		14	2015 年
山东恒邦复杂金精矿冶炼厂	多枪顶吹	40	2019 年
越南老街铜冶炼厂	转炉	2	2021 年
金川集团		7	2021 年

底吹炼铜产能达 235 万吨/年，实际产能将达到 265 万吨/年，其中，底吹连续吹炼炼铜厂产能达 95 万吨/年。

一、底吹连续吹炼铜厂

企业名称	产量（万吨）	投产时间
豫光股份公司铜冶炼厂（玉川产业园区）	12	2014 年
东营方圆有色金属有限公司	26	2015 年
国投金城冶金有限责任公司	15	2018 年
青海铜业有限责任公司	14	2018 年
包头华鼎铜业发展有限公司（二期）	10	2019 年
紫金矿业集团多宝山铜冶炼厂	18	2019 年
豫光股份公司铜冶炼厂（二期）	25	预计 2026 年

二、底吹熔炼＋转炉吹炼

企业名称	产量（万吨）	投产时间
越南大龙冶炼厂	2	2008 年
东营方圆铜冶炼一期	10	2008 年
山东恒邦铜冶炼	10	2010 年
湖南水口中山冶炼厂	12	2015 年
越南老街铜冶炼厂	2	2021 年
金川集团底吹系统	6	2021 年
包头华鼎铜业发展有限公司（一期）	10	2012 年
山西垣曲铜冶炼厂	10	2014 年

三、底吹熔炼＋闪速吹炼

企业名称	产量（万吨）	投产时间
河北中原黄金冶炼厂	40	2015 年

四、底吹熔炼＋多枪顶吹吹炼

企业名称	产量（万吨）	投产时间
山东恒邦复杂金精矿冶炼厂	40	2019 年

全底吹产能 120 万吨，底吹加转炉产能 68 万吨，底吹加闪速产能 40 万吨，底吹加顶吹产能 52 万吨，总计产能 280 万吨。

转炉的低空污染问题

李幼玲：您曾经说 80% 的铜产量采用转炉吹炼，这是一个行业问题吗？

蒋继穆：这是全社会关注的环保问题。

当时，精矿熔炼工艺成熟可靠，环保效果好的工艺虽然众多，但铜锍吹炼 80% 以上的产能仍沿用已有百年历史的 P-S 转炉吹炼技术。转炉吹炼存在液态铜锍倒运造成 SO_2 低空污染，环境恶劣，以及间断作业不利于制酸、炉衬寿命短、耐火材料单耗高等严重缺点。

也正是这些因素制约，以及随着科技不断发展和社会文明程度不断进步、环境保护力度日益严格等，淘汰转炉成为全社会关注的实际问题。自 20 世纪 50 年代开始，为了克服转炉吹炼的一系列缺点，我国和西方发达国家均开展了铜锍连续吹炼研究。当时，三菱法和双闪工艺实现了铜锍连续底吹，在一定意义上也解决了转炉存在的问题。

但是，通过对这两种技术进行比较，我们发现，采用三菱法，含铜弃渣高达 0.6%~0.8%，资源得不到最大化利用，而采用双闪工艺，铜锍在生产过程中要经历水淬到干燥，再到细磨后进行吹炼，不仅工艺流程长，而且液态铜锍产生的热白白浪费掉，浇铸产生的残极等冷杂物料难以搭配，很难实现有效处理，造成能耗较高的现象。

为了拥有我国自主知识产权的工艺技术，我们提出的"氧气底吹连续清洁生产工艺关键技术及装备研究"课题申报后成为科技部"863计划"项目。针对我国铜锍连续吹炼缺乏自主知识产权核心技术，以及转炉存在低空污染等情况，通过铜锍底吹连续工艺研究开展工业化试验，实现全套工艺技术和装备达到国际领先水平，目的是为生产建设年产10万吨铜以上规模，实现铜连续吹炼新工艺，打下技术参数方面的坚实基础。

2012年，由中国恩菲工程技术有限公司联合河南豫光金铅股份有限公司和原东营方圆有色金属有限公司组成的铜锍底吹连续吹炼开发团队，在豫光金铅熔炼一分厂进行冷铜锍底吹连续吹炼半工业试验。

通过前期部署和后期协商，2012年5月9日至6月3日，3家企业开展"产学研"合作，在豫光金铅熔炼一分厂进行了26天的"冷铜锍底吹连续吹炼半工业试验"，取得圆满成功。

冷锍直接进行吹炼的特点显现：大幅降低了铜锍连续吹炼的技术难度，减少了能耗，降低了成本，经济效益显著。

该工艺技术实现了精矿不经干燥、不加任何燃料，可全自热熔炼，同时，实现连续加料，保障了二氧化硫烟气的稳定性；工艺流程更短；如果直接吹炼液态热铜锍，可充分利用铜锍物理潜热在吹炼过程中附带处理电解残极等冷杂料。

与闪速熔炼进行比较，不需要另建熔炼设备来处理电解残极等物料；从热利用与投资角度分析，如吹炼冷的水淬铜锍，底吹连续吹炼可取消闪速吹炼工序中冷铜锍干燥、磨矿工序，使流程较短，投资较少，如直接吹炼热冰铜，则工艺流程更为简短，所以优于闪速熔炼连续炼铜工艺。

与三菱炼铜工艺相比，取消了贫化电炉，采用渣选矿工艺，弃渣含铜量由 0.6%～0.8%降至 0.3%～0.4%，铜的回收率较三菱法高出约 1%。

第一阶段冷铜锍吹炼试验证明，技术产业化最担心的工程问题取得了令人满意的结果：底吹炉关键装置——氧枪能适应液态粗铜条件下稳定作业，氧枪使用周期在工业生产条件下可大于一个月，为底吹连续炼铜的产业化创造了基本条件；试验连续运行一个月后检测底吹炉衬损耗情况，结果令人满意，可大幅度降低粗铜单位耐火材料消耗，为产业化经济运行取得了保证，后期运行大修周期达 3 年。

这些都是通过工业试验取得的实践结果。

技术上遵循"先破后立"

李幼玲:"冷铜锍底吹连续吹炼半工业试验"对行业的作用是什么?

蒋继穆:对有色金属行业技术发展起到了一定的支撑和推动作用。

从技术层面而言,技术遵循"先破后立"的规律,尽管当时转炉生产存在很多问题,但是没有新技术可以替代,只能沿用老工艺继续生产。因此,只有"破"字当头,推陈出新,才能引领行业技术快速发展。

连续吹炼工艺的落地和产业化应用,为行业建立了一种新的合作共赢发展模式,也就是三家企业实施"产学研"深度合作,形成了相互配合、相互补充、相互推进的发展模式。

同时,要用辩证眼光看市场,技术市场百花齐放,企业选择机会就多。多种技术互为补充,企业选择适合自己的技术到市场中竞争,才能实现又好又快发展。

试验成功之后,新上生产线给予了该技术最好的实践回答。2014年3月20日,国内第一条采用氧气底吹炼铜工艺生产线的河南豫光玉川冶炼厂投产,顺利产出第一批合格铜阳极板,主工艺全线拉通。该生产线采用氧气底吹炼熔炼—吹炼—精炼三段工艺进行设计,年产铜10万吨规模。原东营方圆有色金属有限公司采用两步炼铜工艺，即熔炼—精炼，直接浇铸，把吹炼和精炼放在一起，减少了一道工序，优化了技术工艺。

2014年，采用双底吹炼铅项目技术的蒙自矿冶、赤峰山金双底吹炼铅项目顺利投产。

2016年11月11日，华鼎铜业富氧熔池熔炼技术升级改造项目继6月30日氧气底吹炉正式投产后，氧气底吹吹炼炉也投入运行，标志着我国首座采用氧气底吹连续炼铜工艺改造传统PS转炉的铜冶炼厂全面投入生产。

从国际视野来看，《英国金属导报》早在2013年3月"前瞻"栏目中就对我国自主研发的底吹技术进行了评价："该技术指明了金属冶炼行业乃至多个领域未来10年、数十年，乃至上百年的发展方向。"

这也说明，我国自主研发的技术当年就得到了国外市场的关注和认可。

李幼玲：蒋院长，您对底吹技术给予一些怎样的期望？

蒋继穆：不论是哪一个技术，只有不断完善并解决生产工艺中遇到的各种瓶颈问题，在绿色发展中稳扎稳打向前走，跨过一沟，再越一壑，才能最大化服务生产，持续跑赢市场。同时，对于企业来说，要充分激发科技人员的能动性，提高科技成果研发效率和质量，使更多科技创新者在创新中受益。

沉甸甸的收获

从早上 9 点到中午 11 点,为了高效接收广泛的信息内容,我一边追问,一边聚精会神地倾听,时间从笔尖流走,纸张上记录着沉甸甸的收获。

太阳的光线照进屋子,窗台上半天的日头光芒绚丽,房间偶尔鸦雀无声,偶尔铅字笔在纸上沙沙声响,听着闹钟清脆的报时声,才知道两个多小时转瞬而过。蒋院长的回忆可谓绵长,字字珍贵,不免辛苦,他回顾的是行业技术进步求变的过程,以及那代人对行业做出的贡献。

一位 80 多岁的老人说起技术创新,记忆犹新。他说起曾经的工作,仍然像 10 年前那么热情,他想把自己的知识毫无保留地讲给企业。前两天,铜行业一企业就扩大产能采用什么技术前来拜访咨询,他不表扬自己的底吹专利技术,也不诋毁其他应用技术,公平公允。他说:"发挥好绿色环保节能效果,适合自己的能降低成本的技术就是好技术。"

他微笑着表示:"退休了,企业还能就底吹技术前来探讨,这是促进我勤动脑,也是一种被需要的幸福感。"

他用了一个词叫"探讨",亲切得没有大师架子。

他还说,最想去中国恩菲设计的河南国投金城冶炼厂那家物料全自流的企业看看,遗憾的是,他现在只能在北京参加一些会议。

然后，他笑容可掬地说："不去就不去吧，留一些期待也挺好。"

今天，收获沉甸甸，我记录着一个又一个话题，那是最为宝贵的财富。当初，用 10 年建成一个工厂，如今，从设计到投产只需 13 个月；当初，蒋院长仅做阿尔巴尼亚的项目试验就做了 8 年之久，他说成功不是中彩票，没有任何捷径可走，要不断磨砺，才会收获成长。

时光荏苒，当时代的列车疾速奔驰，一切在继往开来中推进时，我们深刻地感受到蒋院长他们这代人经历过风雨，见过世面，在自己的岗位潜心钻研，认真做事，把国家利益放在第一位，当他说到让行业受益于技术进步带来的美好生活，国家才能繁荣昌盛，一番话道出了他对国家的无比热爱。

我记得 2012 年，行业在实施"冷铜锍底吹连续吹炼半工业试验"，正是受蒋院长"不破不立""除旧布新"等思想理念指导，为了让新闻更有视觉化，我前往企业挖掘了一系列一线素材。当时，最想挖掘的题材是：河南豫光金铅股份有限公司是一家铅冶炼企业，为什么"冷铜锍底吹连续吹炼半工业试验"要放在这家企业进行实施？试验过程中遇到了哪些困难、得到了哪些技术参数、啃下了哪些"硬骨头"等，带着这些问题去追寻更多的答案，通过描写把更多精彩事实呈现在读者眼前。

为什么把"冷铜锍底吹连续吹炼半工业试验"放在豫光?

2012年5月9日至6月3日,"冷铜锍底吹连续吹炼半工业试验"在河南豫光金铅股份有限公司进行,短短26天时间,"冷铜锍底吹连续吹炼半工业试验"取得突破。

2012年9月19日,我前往河南豫光金铅股份有限公司进行采访,采访前,虽然我做了准备工作,但每次采访又可谓是摸着"石头过河",惊讶于"冷铜锍底吹连续吹炼半工业试验"26天的试验速度,好奇为什么是河南豫光金铅股份有限公司为中国铜冶炼书写了这一传奇?

9月的济源,秋高气爽,和煦的阳光洒在绿意盎然的厂区里。

到了企业,我开始接二连三进行采访。通过采访,我了解到试验背景:由中国恩菲工程技术有限公司牵头、原东营方圆有色金属有限公司参与的以河南豫光金铅股份有限公司为试验主体的"冷铜锍底吹连续吹炼半工业试验",主要目的是为冷铜锍底吹连续吹炼产业化设计提供工艺和工程上的必备参数,为我国自主知识产权的底吹连续炼铜产业化成功应用迈出宝贵的第一步,而自主知识产权的专有性,决定了企业只有拥有自主知识产权,才能在市场上立于不败之地,推动经济发展,提高竞争力。

在采访的过程中我还了解到,河南豫光金铅股份有限公司是第一家大胆尝试将铜锍底吹连续吹炼工艺应用于综合回收铜及有价金属冶炼渣处理技术改造工程，准备做大炼铜规模的企业。而且通过试验得到的科学数据，已经为正在建设的河南豫光金铅股份有限公司炼铜新项目夯实了基础。

也就是说，企业开始通过转型升级准备多元发展。

当简单地了解到一些具体背景和企业实际情况后，我顺着试验、试验炉、团队这条主线继续挖掘。

他们称试验炉为"母亲炉"

那天，我见到了试验炉，豫光人称其为"母亲炉"，他们给予了这个炉子最真挚的热爱。

当时，我跟随时任具体承担项目试验的熔炼一厂厂长左淮书的脚步前往了三层楼高的试验现场，试验现场较为简陋，堆着一些冰铜渣，还有放渣流槽、运料皮带、收尘装置等。

展现在我眼前的试验炉实际是一个直径 $\phi 2.6m \times 4.6m$ 的小型炉，试验炉并不起眼，炉子全身都被灰色包裹着，看不出有什么特殊的模样。当时，"母亲炉"已经封炉多日。

而这个被豫光人称为"母亲炉"的试验炉，在河南豫光金铅股份有限公司的发展历程上发挥了很大的作用。根据不同试验类型和需求，为该公司在自主创新中诞生了液态高铅渣直接炼铅底吹还原项目、底吹炼金银项目等。这个炉子在一定程度上为豫光人积累了丰富的经验，这正是"母亲炉"的来历。

第一次见到试验炉，我还问了一些外行话。我问左厂长："既然叫底吹，氧枪为何不在下方，怎么去底吹呢？"

左厂长告诉我："为了方便试验，这个炉子可以旋转90度，试验时，我们会把炉子调试到位，那个时候氧枪必须在下方。"

那天，我对试验炉"母亲炉"，还有氧枪都有了直观的概念。

随后，我就"铜锍底吹连续吹炼试验"为什么选定在河南豫光金铅股份有限公司进行进行了采访。

试验放在豫光的原因

该企业的科技工作者讲述了一段发展史：铜锍底吹连续吹炼项目是由中国恩菲工程技术有限公司申请的国家"863计划"，是国家给予资金支持的研发课题。

河南豫光金铅股份有限公司自1998年开始利用铅渣回收铅冰铜试验，用底吹炉形成了年产冰铜10000吨的规模。

2008年，该公司开始尝试富氧底吹炼铜工艺，开展铜锍底吹连续吹炼技术的开发及工业化试验研究工作，随着技术经验的不断积累和完善，形成了自主知识产权的富氧底吹连续炼铜新技术。

中国恩菲工程技术有限公司为了将国家"863计划"实施落地，努力寻找高科技企业进行"产学研"深度合作，而河南豫光金铅股份有限公司不仅具有底吹炉，而且操作经验十分丰富成熟。所以，当中国恩菲工程技术有限公司与当时豫光掌门人杨安国商谈把"冷铜锍底吹连续吹炼半工业试验"放在豫光时，杨安国爽快答应。杨安国明白，豫光通过富氧底吹熔炼技术的工业化实践证明，底吹炼铜技术在投资、运行成本等方面都较闪速熔炼和其他熔池熔炼少。如果实现底吹连续炼铜，自主知识产权的技术将处于世界炼铜技术的领先地位。

特别是经过多年发展，随着河南豫光金铅股份有限公司铅系统和锌系统的不断升级壮大，含铜渣也相继增大，而把含铜渣综合利用起来，将铜规模做大，正是豫光人一直想要实现的目标。因为在综合回收方面，豫光拥有自己的技术优势，如果再将铅、锌、铜三种资源全部实现互补，优势将更加明显。

这就是"冷铜锍底吹连续吹炼半工业试验"为何放在炼铅企业豫光进行的前因后果。

当我采访到第一手材料后，心生欢喜，这些故事讲述出来多有意思啊！

团队作战

短短 26 天时间，试验炉为双底吹炼铜开创了崭新的时代。

团队作战，王拥军指挥得力，一举拿下"作战"任务。

当时，采访豫光试验团队人员，其中，有时任河南豫光金铅股份有限公司副总经理的王拥军。在试验过程中，王拥军作为"冷铜锍底吹连续吹炼半工业试验"的主要指挥官，一直与试验团队并肩作战。

王拥军，在河南豫光金铅股份有限公司工作以来，目睹了企业最原始的烧结锅工艺时代，也见证了从烧结机到氧气底吹及直接炼铅技术的快速发展过程。他求真务实、爱岗敬业，一步一个脚印从一线成长起来，成为铅冶炼行业的技术专家。

2001 年，河南豫光金铅股份有限公司刚上粗铜项目时，王拥军在熔炼一厂工作。有一次做试验，铜锍流出来，烧伤了王拥军的左脚，这样大大小小的试验，企业做了无数次，而类似触目惊心的险情有很多。正是这些年不断地进行试验，灼痛付出的代价，让豫光科技工作者汲取了宝贵的经验，为以后每一次试验做好了准备，夯实了基础。

"冷铜锍底吹连续吹炼半工业试验"完成后，王拥军自豪地说："全国最先进的底吹技术在豫光，最广泛的底吹技术仍在豫光，我们有试验炉作平台，又有各种专业人才作基础，所有的底吹技术在豫光都将成功突破。"

我见到了两位工段长,一个叫聂发展,另一个叫卫向平,他们憨厚腼腆,试验中,吃住在现场,在炉子外皮温度高达200～300℃高温环境下兢兢业业做试验,对试验整个过程,道出简单朴实的经验:"既要克服高温,还要时刻观察炉子工作状况,防止发生冒渣情况。"

有一天晚上8点多,由于粗铜品位问题等因素,炉况出现过氧化现象,王拥军率先赶到试验现场组织会议,对炉况及时进行处理。

在炉子转动过程中,氧枪金属软管被烧损,当时现场除了河南豫光金铅股份有限公司工作人员外,还有中国恩菲工程技术有限公司和原东营方圆有色金属有限公司的科技人员。紧急关头,聂发展、卫向平沉着应对,他们要求把炉子转出来,关掉气体。当炉子转出时,氧枪及金属软管内都灌进了渣液,那一天,为保证氧气顺利通到炉渣里,仅氧枪就更换了3支。

当问及两位工段长看到冒炉是否害怕时,他们的回答很简单:"刚冒炉时,心里肯定害怕,但越是这个时候,越不能慌张,我们会按应急预案去处理。"

实际上,在试验之前,河南豫光金铅股份有限公司将试验目的、原理、方法、方向,试验过程中遇到的问题及应急预案等,早已灌输给了操作工人们。

一天晚上,试验炉冒渣多达4至5次,1000多摄氏度火红的渣液顺着炉体四溢,员工李海波不顾个人安危,他想到了试验炉后面那些氧气管道,如果不及时处理,发生爆炸,后果不堪设想。他立刻跑过去,有惊无险地处理好了突发事故。当时,原东营方圆有色金属有限公司同行们由衷地赞叹:"河南豫光金铅股份有限公司员工是好样的,这是操作人员丰富经验的体现。"

而这些丰富经验的体现，正是因为这些年豫光实施过多次试验，这些试验给大伙儿创造了很多学习和动手锻炼的机会，通过实践学习，聂发展、卫向平、李海波他们完全可以不用仪器，直接通过炉渣的熔融情况，便能分辨出渣是过氧化还是欠氧化，练就了"火眼金睛"的本领。

巾帼不让须眉

说到"冷铜锍底吹连续吹炼半工业试验"，不得不说说团队的另一位指挥官刘素红。

外表文静的刘素红，用团队人员的话说，她做事雷厉风行，"巾帼不让须眉"，在试验现场她能力过硬，履职尽责，带领大伙儿有条不紊，勇往直前。

作为指挥官，在刘素红看来，河南豫光金铅股份有限公司、中国恩菲工程技术有限公司、原东营方圆有色金属有限公司3家企业在试验期间，所有参与试验的人员每天必须会议碰面，要随时调整思路和指标，为筑牢试验奠定基础，她说，在最短时间、花最少精力来保证试验成功，是3家企业的共同目标，虽然是三方试验，但试验责任主体还在河南豫光金铅股份有限公司，而试验成功的前提是保证安全。

为了保障大家的安全，有一次探讨试验炉可能冒渣的问题，原东营方圆有色金属有限公司团队不同意将氧量往下降。刘素红拿出指挥官的威严："必须降下来！"就在降低氧量6小时后，炉子开始冒渣，当晚冒渣2次，在继续降低氧量的同时，白天又出现4次冒渣情况，当时，现场所有人员都为刘素红做事果断叫好。

刘素红表示，炉况需要长时间观察，她说，这个试验如果放在别的企业，别说26天，就是两个26天也不可能成功。

试验成功后，通过对第三天放出的粗铜进行化验，粗铜达到了97.7%的好结果，经过工艺操作条件的不断完善，粗铜品位稳定在98.5%以上、硫品位稳定在0.7%以下。

刘素红敢于说出这番话的原因是什么？原来，多年来，是豫光的创新平台，给了科技工作者源源不断的动力和实践的能力；是豫光给了他们体现自身价值的舞台。在做试验的那些日子，只要跟这个项目有关的会议，刘素红不论多忙，即使出差在外地，都会赶回来参加，决不缺失任何一次现场讨论的机会。

那天，刘素红还道出了很多科技工作人员的心声，她说，作为技术人员，即使再有想法，如果没有平台，理想难以照进现实；她说，一个企业日常管理创新带来的效益是有限的，而通过设备、技术、工艺的创新，则能为企业带来巨大效益。她表示，小试验在实验室发挥作用并不大，投入工艺中会光芒四射，而豫光第一个底吹炼金、银项目投入生产后，每吨阳极泥能耗的降低可为企业节约成本1000多元。

试验成功之后，作为底吹技术专利人，蒋继穆给予三方试验团队高度赞扬。他说，试验一气呵成，跟企业技术实力有关系，对于河南豫光金铅股份有限公司来说，不仅有一支技术过硬的队伍，而且这支队伍恪尽职守、勇于挑战，面对问题时不手忙脚乱。同时，他表示，此次试验成功，跟试验团队齐心协力的工作态度分不开。他说，豫光没有辜负有色金属行业的殷切希望。

深入基层，见到了团队人员，平凡又伟大的他们，在困难面前无所畏惧，让人敬佩；我见到了试验炉，当豫光人称其为"母亲炉"时，那些坚定的眼神，让人崇敬。我最大的感受是三方试验，目标明确，相互配合，技术彰显优势，为行业技术进步展示了无穷力量。

方圆公司为冷铜锍试验做了哪些贡献？

作为生产企业，原东营方圆有色金属有限公司在 26 天试验中，对试验做了哪些贡献？这也是我想去生产一线探寻的目的。

2012 年 9 月，从河南回到北京，11 月 14 日，我和同事安会珍前往山东东营，采访了参与承担国家"863 计划"项目"冷铜锍底吹连续吹炼"的三方企业之一——原东营方圆有色金属有限公司试验团队。

当时，该公司在行业经历了十多年的发展后，从一个名不见经传的小企业，跃居全国 500 强、同行业 6 强、同行业民企第一；连续 5 年入围有色金属企业销售收入 50 强，2011 年度名列第 15 位。当年，该公司的崛起为东营增添了一道亮丽的风景，为中国铜工业的创新力、创造力书写了一段光辉灿烂的传奇。

11 月的东营并不寒冷，汽车行驶在宽阔的马路上，两旁湿地水草相间，清澈委婉，浅浅绿意自然流淌，意境多么诗情画意。

这是利国利民之举

当汽车到达原东营方圆有色金属有限公司时，砖红色大门正上方镌刻着"方圆铜业"4 个隶书大字。走进企业会议室，我们见到了当时该公司董事长崔志祥、副总经理王智，以及首席专家申殿邦，那天，我们还见到了"863计划"项目"铜锍底吹连续吹炼"的参与者、时任公司总工程师兼生产总厂厂长李维群，以及公司副总工程师、技术中心主任边瑞民，还有在河南豫光金铅股份有限公司亲身参加实战操作的技术人员和生产骨干陈俊华、郑军涛、郭其成、徐俊静等。

三家企业在共同完成"冷铜锍底吹连续吹炼半工业试验"实施框架中，原东营方圆有色金属有限公司作为民营企业参与度很高，用当时该公司董事长崔志祥的话说，这是利国利民之举，而且有国家支持，这样的好事企业当然要积极争取；企业希望能通过自己的力量，为国家开发出成本更低、产品更优的前沿技术，让科技成果为促进实际生产提供更大动力。

在试验过程中，原东营方圆有色金属有限公司给予了人力、物力最大的支持。

根据三方协议，该公司为试验提供500吨水淬冷冰铜（成本约合2100万元），并负责运往试验现场。

在组织团队方面，该公司成立了试验专项小组，由总工程师李维群指挥，捕金分厂厂长刘俊江、副厂长胡新成带队并现场指挥，整个专项小组精兵强将，技术人员、一线作业骨干、质检人员近10人，助力试验工作。

试验期间，这支队伍一直坚守试验现场，为"冷铜锍底吹连续吹炼半工业试验"达到预期效果做出了很大贡献。

32岁的胡新成讲述了自己的故事，他是随公司发展成长起来的年轻干将，他年纪轻轻，却有着14年炉前经验，进入该公司工作以后，胡新成一直在一线零距离接触炼铜，从火法精炼到PS转炉吹炼，再到底吹炉熔炼，他一步没落下。14年来，胡新成把炼铜当成一项终身事业用心去钻研。14年间，他历任炉前操作工、生产班长、车间副主任、主任、分厂副厂长，身在一线，本领在身，快速成长。

为了满足试验要求，要将冷冰铜制备成细小均匀颗粒。当时，该公司没有现成水淬设备，大伙儿齐心协力焊制了水淬槽，实际就是一个大铁箱。在水淬过程中，1150摄氏度高温的热态冰铜容易发生爆炸，经验丰富的胡新成披挂上阵。他小心翼翼地进行操作，并不断摸索改进，用了20天时间，一点一点地积少成多，终于完成了500吨水淬冷冰铜的制作。

我问胡新成，水淬冷冰铜过程中有过害怕吗？

他实话实说："不无后怕。当时，心里也并不是很有底，毕竟没有做过。但是凭着一股跟铜打交道十几年的感觉，凭着我们对铜的了解，我们还是做到了。"

在胡新成看来，那是自己分内的活，必须不计条件干好。

当时，坐在胡新成身边的该公司副总工程师边瑞民打量着这些年轻人，满眼心疼。他说："水淬500吨冰铜是在完成本职岗位正常工作的前提下，加班加点完成的，这项工作充满了很大风险。水淬冰铜于我们而言也是一种试验，所有付出，是原东营方圆有色金属有限公司对国家'863计划'尽力促成的具体体现。通过合作，水淬完500吨冰铜，不论是对设备的制作还是现场操作，都是大家共同努力的结果。"

边瑞民还透露了一个小秘密，他说："按照协议，原东营方圆有色金属有限公司只负担冰铜3％损失率，超出部分由三方试验的另外两家分担，但实际上，冰铜损失率超过了3.75％。对此，该公司没有声张，完全由自己承担了下来。"

而当时，该公司董事长崔志祥却说："别说损失率超过3％，就是超出5％，我们也会承担。创新是方圆的责任，我们是在为国家做贡献，这是我们的光荣。"

为了打赢这场胜仗，试验之初，原东营方圆有色金属有限公司一再吩咐试验专项小组成员在试验过程中，每天的数据要完整记录，一定要把试验中产生的现象用文字描述清晰，为将来工业设计作保障。试验期间，专项小组成员认真负责，他们把试验的微妙变化都按时间顺序一一记录在案，并不断提出好建议，力促试验走向完善。

用心记录试验环节

6月的济源，天气骤热，试验现场空间逼仄，条件艰苦，他们经常"一身土一身泥"，面对高温天气和高温炉子双重热浪的夹击，面对二氧化硫呛鼻的气体，坚守试验现场的试验团队，时刻戴着厚大的口罩，饱经现场"烤"验。

即使面对这样的条件，试验团队决不放过任何试验现象。比如，放渣后渣下有没有残留冰铜点，铜的温度多少、大块还是小块、放了几块等，都记录得明明白白，一目了然。

记录中，比如，在炉况接近1200摄氏度时，冒炉情况很少，而低于1150摄氏度，冒炉时放铜，铜就很难放出来，并且粗铜的质量不合格。对此，原东营方圆有色金属有限公司提出了用天然气升温的建议，该建议采纳后效果立竿见影，炉况马上好转。当班团队一天不落地记录试验细节。

有一次，胡新成提议小幅增加氧气量以提高粗铜质量。第二天，他看到根据提议放出的粗铜，确切地认为粗铜已经合格了。但是，在河南豫光金铅股份有限公司化验铅仪器上测量出的数据却显示品位只有96%。胡新成质疑这个结果，为了验证自己的判断，确保试验数据更加精准，胡新成将铜样寄回公司质检中心。结果，两张化验单分别清楚地写着98.6%和99%，他内心激动，粗铜果真是合格的。说起这件事，胡新成自豪地说："我们的操作经验有时比仪器还要准。"

试验期间，2.6米×4.6米的试验炉每4个小时需放一次渣，每2小时要放一次铜，作业频率高，大家在观察温度的同时，还要时刻观察烟气动向。对此，方圆人每天班前会上都要强调，上班时间务必保持精力充沛，紧盯炉况，现场必须做到安全第一，不但要保证自己人员的安全，还要保证豫光人员的安全。

在采访李维群时，当我问及对"冷铜锍底吹连续吹炼"试验后的感想时，李维群非常严谨，他说："冷铜锍底吹连续吹炼的试验非常成功，但作为工业设计的依据还不成熟，真正的工业设计关键要看热铜锍试验后的实际效果。"

他表示，冷铜锍试验的炉子相对较小，试验时间也短，并且没有做到连续加料。与之比较，热铜锍潜热能得到充分利用，吹炼过程可搭配大量冷料维持热平衡，使系统能耗进一步降低。但是，热铜锍吹炼控制难度会更大、技术含量也更高，因为热的计量、热平衡和连续加料都存在很大困难。而在做冷铜锍试验时，只做了硅铁渣试验，没有进行铁钙渣试验。

在科技工作者李维群看来，技术创新是不断实践和探索的过程。

每天都要去看看炉子

那天采访，我们很晚回到宾馆。夜色斑斓之际，我们还在方圆公司办公室。我仍清晰地记得，崔志祥手拿移动小黑板，不停地说着写着。他说："底吹技术好啊，我对底吹炉有着深厚的感情，底吹炉就像我的孩子，我每天晚上都要去看看炉子，和它说说话。"

那天晚上，崔志祥一边在黑板上画着炉子的结构，一边说着自己的理论思想。他说，任何一项单一技术都不可能十全十美，上下左右必须有无数支点作支撑，必须具有完整体系作结构；任何技术方面的突破，不可能单向完成，必须从系统配套方面去突破。他举例，比如，"氧气底吹熔炼多金属捕集技术"项目就是一项系统集成工程，涉及火法熔炼、多金属综合捕集，同时，涉及烟道灰和阳极泥处理，以及烟气制酸过程中的污酸处理等众多相关问题。只有将众多领域相互交叉，才能成就一个相对完善的工艺技术。

离开方圆公司办公室，夜色如墨，繁星点点。

那次采访，我们受益匪浅。试验团队的合作精神，水淬冰铜精益求精的制作过程，放粗铜的目估精准率，每一个环节仔细地记录在案。为了试验成功，试验团队将好的经验都用到了相互配合上。

特别是胡新成认真较劲的样子依然历历在目。当他把铜样寄回东营，收到化验单时，铜样结果呈现出来：98.6%和99%，目估值精准。说起这些，他脸上的欣喜由心底流露，一瞬间自信的神态，正好被我们捕捉到，画面尤为深刻。

三方试验取得成功后，技术开始引领行业向高端发展。三家企业通过学科交叉，取长补短，打好"组合拳"，为技术落地实现了最大化保障。

华鼎铜业第一家对 PS 转炉进行改造

说来也巧，自 2012 年，我前往河南豫光金铅股份有限公司和原东营方圆有色金属有限公司进行报道，8 年之后，至 2020 年 8 月的一天，蒋院长告诉我，如果有时间，可以去内蒙古包头华鼎铜业发展有限公司进行实地采访。这是首家在行业用连续底吹技术对 PS 转炉成功实施改造的企业，背后蕴藏的故事值得深挖。

我问蒋院长："这说明了什么？项目落地的意义又是什么？"

蒋院长说："有色金属工业改扩建项目在国家基础建设中有着举足轻重的地位，与国民经济发展息息相关，其意义在于在原有项目基础上进行建设，通过增加产量、扩大品种、提高质量，致力于更加环保、节能，从而促进资源有效利用，提高技术装备水平，降低劳动强度。而对于采用 PS 转炉进行铜冶炼的企业来说，是使用新技术对改扩建项目进行建设，项目难度更大，像这样敢于大胆创新的企业并不多，说明这家企业具有一定创新精神和创新能力，对于改扩建项目取得的创新性变革，值得更多企业学习借鉴。"

于是，我前往包头，就实施技术改造后生产线的运转情况及新技术对环境保护起到的实际效果，采访了内蒙古包头华鼎铜业发展有限公司总经理袁俊智。

当年，利用转炉生产的企业占据 80% 的市场，由于受环保等因素制约，所以有色金属行业企业不论采用何种技术工艺，最终都必须对转炉进行改造，向绿色化生产要效益。

当行业的现实问题摆在企业面前时，华鼎人毅然决然在 PS 转炉传统生产线的基础上，利用"三连炉"，即"氧气底吹炉熔炼→氧气底吹连续吹炼炉吹炼→底吹精炼炉精炼"全底流程，对铜工艺技术大胆进行了改造创新。

来到企业那天，风和日丽，白云朵朵，空气清新。华鼎铜业发展有限公司办公楼风格别致独特，厂区干干净净，树木、植被郁郁葱葱。

走进办公楼，几排安全生产的帽子整整齐齐，排列有序；进入办公室，见到了总经理袁俊智，给我的第一印象是青年才俊，举止谈吐温文尔雅，就这样认识了总经理袁俊智。

之后，我戴上安全帽，跟随袁俊智的脚步前往了生产现场。底吹炉气势磅礴，开足马力在生产，袁俊智介绍炉子时，像夸赞自己的孩子一样，脸上洋溢着幸福的微笑。

他说："'三连炉'工艺在炼铜过程中，用溜槽把熔炼、吹炼、精炼三个炉子有效衔接进行炼铜。与'三连炉'相比，传统工艺生产由于受到分开生产的因素制约，导致三个炉子在生产过程中衔接性不够，未能实现连续性一步化炼铜，所以存在着诸多弊端。"首先会对环境产生污染，浪费能源，传统工艺在生产中需要行车吊运包子，包子在吊运过程中，烟气逸散，无法收集，极易造成低空污染；其次是包子熔体温度过高，吊运中存在着较大安全隐患；最后，由于间断性生产，二氧化硫烟气排放量及浓度时大时小，尾气排放指标极度不稳定，导致转化吸收率低。由此，造成了较高的生产成本。

而"三连炉"弥补了传统工艺的不足。谈起"三连炉"，袁俊智滔滔不绝："新技术最大的优势就是通过溜槽将三个炉子连接起来，运行稳定，节能降耗，符合国家环保要求，这是我们对项目改造的目的所在。"

我站在底吹炉边,听着轰鸣的机器声,内心激动不已,思绪万千,有些感慨技术不破不立的前瞻理念。这就是我们行业企业技术改造后连吹炉真实的生产场景:高端大气的厂房,没有烟气,火红的铜锍沿着溜槽流入吹炼炉再流入精炼炉,最后流入阳极铸锭机,取消了包子敞口行车吊运的过程,降低了危险系数,杜绝了二氧化硫低空污染,实现了安全、绿色生产。

我问袁俊智,炉子改造前生产现场是怎样的?他拿出几张照片让我看,灰蒙蒙的生产现场,烟雾缭绕,与当下形成鲜明对比。

感受了生产现场的氛围,回到袁俊智的办公室,开始了深入的采访。

为了落实国家环保政策和发展要求,2019年2月,华鼎铜业秉承大胆创新、主动求变的理念,大刀阔斧地对PS转炉旧生产线进行改造。同年7月,首创的"三连炉"一步炼铜改造项目成功在该企业落地。通过一年多生产实践,项目实现了环保特别排放限值的超低排放标准。

袁俊智一口气说出了很多数据。他说:"在全底吹炼铜工艺技术投产之前,二氧化硫排放标准是150毫克/立方米;投产后,排放标准一直稳定在10毫克/立方米以内,远远低于国际标准和特排标准,而国家对二氧化硫的排放标准是400毫克/立方米。"

转型升级转的不仅仅是生产环境

对于华鼎铜业实施技术改造,袁俊智毫不保留地说出自己的想法:全世界铜冶炼行业中,有近80%的企业采用PS转炉进行冶炼生产。由于新上项目难度大、资金投入高,加上受环境及资源等因素影响,且伴随着原料紧张,低品位原料充斥市场,加工费一路走低的实际情况,越来越多的企业为了寻求利润增长点,在炉子吃杂能力上会考虑更多,虽然采用PS转炉仍然可以延续生产,但竞争优势难以凸显。因此,采用新技术进行项目升级改造将会成为生存发展的必由之路。

基于上述众多因素,袁俊智认为,工业企业转型升级,转的不仅仅是生产环境,还有竞争环境。

他表示,底吹连续炼铜新工艺在有色金属行业研发成功,实现了安全、可靠、绿色、高效的生产模式。当该项拥有中国自主知识产权的工艺技术在国内外十几个新建项目成功应用后,袁俊智带领团队深入市场进行多方考察论证,并根据企业实际情况,进行全盘规划,为拓展企业新的经济增长点,最终选择该项技术进行改造升级。与行业其他改造项目不同,华鼎铜业PS转炉改造升级,在没有技术可以借鉴的情况下,引领行业企业大胆创新、积累经验,为更多企业提供绿色系统解决方案。

全热料生产实现了有效突破

华鼎铜业发展有限公司成立于2003年,2004年12月建成了一套年产3万吨粗铜、11.5万吨硫酸密闭鼓风炉生产系统。为克服产能落后、耗能高、劳动条件差等不利因素影响,该公司2009年主动淘汰落后冶炼工艺,实施了三个阶段的升级改造。

第一阶段:2009年,该公司淘汰鼓风炉炼铜落后产能,采用富氧熔池熔炼、转炉吹炼、阳极炉火法精炼配套工艺,建设了10万吨电解阴极铜等项目工程。

第二阶段:2016年,该公司对冶炼主厂房增加了一台ϕ4.4米×18米氧气底吹熔炼炉,将原有ϕ3.8米×15米底吹熔炼炉升级改造为底吹连续吹炼炉用于铜锍吹炼。当时,为了将熔炼炉产出的热态铜锍通过溜槽直接流入吹炼炉进行吹炼，该企业实施了巧妙布置，两台炉子呈阶梯状排列，形成了富氧底吹熔炼＋底吹连续吹炼＋反射炉阳极精炼的工艺，为实现"三连炉"工艺技术连续生产目标打基础。

第三阶段：2019年2月，为了实现底吹熔炼炉、底吹连续吹炼炉与底吹精炼炉三种底吹工艺的完美结合，实现全热料连续生产，华鼎铜业坚决淘汰固定式反射阳极炉，将原有两台（ϕ3.6米×8.1米）PS转炉升级改造为底吹回转式阳极炉（ϕ3.6米×10米），最终实现了熔炼、吹炼、精炼三台炉子错层串连，熔炼炉产出的铜锍通过溜槽流入连续吹炼炉内进行吹炼，吹炼产出的粗铜通过溜槽流入底吹精炼炉，通过火法精炼并浇铸，"三连炉"实现了一步炼铜生产工艺。

一路走来，该企业通过一系列改造，淘汰落后产能，一步一个脚印，寻找技术发展之路。

传统情况下，以10万吨规模连续吹炼炉的冶炼结果来计算，氧枪需要9～10支，氧枪直径为48毫米，送氧量在800～1000立方米/支才能发挥实际生产作用，而华鼎铜业实现了将10支氧枪减少至3支大氧枪，氧枪直径设计为70多毫米，送氧量达4000～6000立方米/支，打破了当时铜冶炼行业设计存在的熔炼炉、吹炼炉，以及连续底吹技术一直遵循氧枪直径宜小不宜大、通风面积宜小不宜大、氧枪支数宜多不宜少等理念的制约。

该公司在突破大氧枪、实现全热料生产的那段时间，行业企业质疑声很高，刚开始实践时就出现了炉子工作不到24小时，氧枪接二连三被烧损，造成炉子难以实现连续生产的艰难处境。同时因为热料生产理论不被实践认可，而采用冷料生产设计具有难度小、风险低的特点，所以推行热料生产更是困难重重。

但是相比于热料生产，冷料生产未能充分发挥吹炼炉的连续性冶炼价值。在袁俊智看来，要实现全热料生产虽然难度很大，但这是发展的必然趋势。他强调，100%热料这一难关，必须跨越。华鼎铜业发展有限公司坚持大氧枪思路不变、测试方向不变，通过无数次反复论证，在熔体抛物线上进行攻关，一次次将数据推倒重来，找准了氧枪"平衡点"。通过一个多月时间反复摸索，流速难题被攻破，炉子曾经在短暂几分钟被冲漏的难题被攻克，最终实现了自主创新的大氧枪生产，在全热料生产上形成了关键性突破。

随着全底吹技术的落地发展，华鼎铜业开始了在杂质脱除方面寻找利润点。精炼炉采用底吹模式运用特殊造渣法，使各杂质元素在精炼环节脱除效果显著，脱除率Pb在70%~90%、As在50%~90%、Sb在50%~70%、Bi在30%~50%，较传统工艺提高80%左右，企业进一步在市场中凸显竞争优势。

一份亮丽的成绩单

在实现全底吹全热态连续工艺炼铜技术创新上，华鼎人为行业交出了一份亮丽的成绩单。

其一，打破了复杂矿料的制约性，解决了生产过程中遇到的高硫铜精矿、低硫铜精矿、氧化矿、金精矿、银精矿、高砷矿、高硅矿、块矿等品位较低矿料复杂难题。在底吹连续吹炼过程中，利用吹炼富裕热处理较高品位冷杂铜，矿铜和冷铜比例最高达到了1∶1，真正解决了其他连续吹炼工艺冷铜无法加入或加入比例过低的难题，可降低成本10%~20%。

其二，脱杂能力强。华鼎铜业实现了首次将底吹技术应用于回转式精炼炉，代替了透气砖，突破了传统透气砖精炼搅拌强度小、效率低、寿命低的难题。全底吹炼铜工艺中熔炼、吹炼和精炼所使用的氧枪，均采用底吹模式，通过氧枪改良，并配入比例合适的氮气、天然气、氧气和空气等混合气体,最终使冶炼渣通过激烈的机械搅拌,将杂质有效脱除和挥发。

在脱杂能力方面,底吹熔炼阶段送入炉内的混气氧浓度在75%左右,压力为0.4～0.7兆帕,而底吹连续吹炼阶段送入炉内的混气氧浓度为25%～30%,压力为0.6～0.8兆帕。也就是说,高氧势熔液熔解需要更多氧进行反应,氧气直接或优先将Cu氧化成CuO_2作为载体进行传递,正是因为底吹熔炼、底吹连续吹炼和底吹精炼所需气体都是从底部氧枪鼓入熔池内,通过熔体剧烈搅拌,使Pb、Zn、As、Sb、Bi等非常难以除去的杂质,经过氧化后挥发至烟气中,最终脱除效果显著。

其三,打破了传统工艺在制酸过程中SO_2时高时低,难以持续平衡生产的难题,实现了平稳连续生产,保障了炉子的生产寿命。高温熔液全部采用溜槽进行输送,输送过程溜槽全封闭作业,彻底解决了低空烟气的污染难题。

与PS转炉进行比较,烟气量仅是转炉的1/3,底吹熔炼富氧浓度可达75%,即使底吹连续进行吹炼作业,烟气量仍处于稳定状态,有利于制酸。与国家排放标准进行比较,尾气排放的SO_2浓度达到10毫克/立方米以下,较国家超低排放标准100毫克/立方米低10倍多,特别是该工艺SO_3发生率由行业2%左右降低至0.6%左右,一定程度上硫酸雾量的减少,提高了硫的回收率,最终实现了成本和环保双赢。

随着冶炼规模和综合盈利能力的不断提高,在吨铜综合能耗指标方面,按照国家标准的规定,矿产阳极板每吨综合能耗标准,已建企业能耗标准为340千克标煤,新建企业是220千克标煤,先进值为190千克标煤,而华鼎铜业在践行高质量发展进程中,一步步向节能环保技术要效益,最终实现了吨铜能耗仅为106.49千克标煤。

自 2003 年至 2020 年，华鼎铜业发展有限公司通过 10 多年的不懈努力，已经发展成为年原料处理能力 75 万吨、硫酸 60 万吨及年处理 50 万吨铜渣的生产能力，在配套 3 万吨电解铜产业链的同时，带动了重点产业 10 万吨连铸连轧铜拉丝生产线的高质量发展，其中，高端产品已应用于航空航天和智能手机等产品中，实现年产值 60 亿元，年利税突破亿元。

到华鼎铜业的那次采访经历，让我了解到了改扩建项目相较于新建项目的诸多不易，也看到了华鼎人在项目改造上的那股闯劲拼劲，他们的挑战精神深深地感染了我。为了完善底吹技术，在"人无我有""人有我优"上下功夫，用数据说话，打破了制约行业全热流生产的难题，开辟了生产新局面。

深入生产一线探寻，我明白了蒋院长的一番苦心。用蒋院长的话说就是，一项新技术落地后，需要企业不断去完善技术的方方面面。作为新闻人，就是要大胆探索、与时俱进，对行业信息要有敏锐的觉察力，努力跟上行业企业发展的步伐，用文字记录行业企业为改造项目落地做出的成绩以及值得借鉴的经验，为多学科相互交叉起到融会贯通的作用。

此次采访，通过生产一线得到的一系列数据，给予了技术改造最好的诠释，阐述了每一个时期底吹炉的不断完善过程，见证历史、传递价值，我们的铜冶炼行业沐浴着改革的春风在一步步生产改造中做大、做优、做强。

落后的真吹炉工艺

为了了解我们国家最初铜冶炼厂的真实面貌，我采访了原沈阳冶炼厂总工程师申殿邦，想对较早时期最为落后的铜冶炼厂追根溯源。

用申殿邦的话来说就是，真吹炉工艺技术非常少见，没有多少人见过真吹炉，放渣出铜过程人工开溜堵溜环境差、风险大，国内其他厂家没有这种工艺的炉子。

从采访申殿邦了解到，我国1952年之前只有一个铜冶炼厂，就是原沈阳冶炼厂。

申殿邦从实习阶段进入沈阳冶炼厂，一直到退休离开岗位，他跟随铜冶炼行业的变化，见证了企业最初的发展模式。

与申殿邦相识，是2012年12月份，我第一次去原东营方圆有色金属有限公司出差。当时，申殿邦作为方圆公司首席技术专家接受了我和同事安会珍的采访。印象中，申殿邦笑起来像父亲一般慈祥。他说："70多岁还留在原东营方圆有色金属有限公司，主要是对当家人崔志祥的敬佩和对冶炼行业的深厚情感。我们这代人不为名利、不计个人得失，一心一意只想为有色金属铜冶炼行业做点力所能及的事情。"

12年过去了，这番话每每想起，心生敬意。后来，电话簿里一直留存着申殿邦的名字，微信时代又加了申总的微信。逢年过节，我会发些祝福给老人家。

采访申殿邦之前有个有趣的小插曲。

有一天，我收到一个朋友的电话，问我可否做一期视频，采访一下冶炼专家申殿邦，说老人家耄耋之年仍然心系有色，对底吹炉技术心心念念，情有独钟。

当视频电话连通时，出现在视频里的申总并没有年近九旬的沧桑。他精神饱满，说话底气十足。当他知道我打电话想采访他时，直截了当地对我说："小李，你好，你有什么想问的就请问吧。"

开场白简单、干脆、利落，把我逗乐了。

我在想，这老爷子古稀之年，却有一颗追随有色金属行业发展的年轻心脏，得多热爱有色金属行业啊！记录这样的有色情结何尝不是难得而有幸！

通过采访申殿邦，我知道了原沈阳冶炼厂是我们国家第一座综合性冶炼厂，主要生产铜、铅、锌、金、银等。

原沈阳冶炼厂的铜冶炼之路主要延续了从真吹炉工艺到烧结锅工艺，再到采用烧结机生产。在生产过程中，申殿邦发挥自己的技术优势，实现了粗铅连续除铜作业代替繁重的粗铅间断除铜操作过程。

从采用真吹炉技术为新中国生产每一吨铜，到每一个时期跟随时代要求进行技术改进，原沈阳冶炼厂为了生存，拼尽全力实践过、努力过、辉煌过。而申殿邦不仅见证了"老沈冶"曾经沧桑的历史时期，他用尽全力在技术革新的舞台上发挥所长，让"老沈冶"为行业发出时代的光芒。

早在1954年，学生时代的申殿邦前往原沈阳冶炼厂进行实习，

1956年，他被分配到该企业工作，一直到 1995 年，申殿邦在沈阳冶炼厂退休。40 年悠悠岁月，他不负青春、不负岁月，与企业共同进步，见证了原沈阳冶炼厂铜冶炼时代的最初模样和发展历程。

为了解决工人超负荷生产劳动问题，他潜心钻研，开创了用粗铅连续除铜作业代替了繁重的粗铅间断除铜操作过程，使生产现场由人工捞渣、卸渣、装渣等部分工艺实现了连续生产，减轻了工人的劳动强度。

说起那段岁月，我看到申殿邦眉宇间荡漾着甜蜜的微笑，他告诉我，他还获得了"先进个人"荣誉称号。当他将先进个人荣誉照片发给我欣赏时，照片上的他面带微笑，年轻帅气，胸前别着一朵大红花，那朵熠熠生辉的大红花，让多少人翘首以盼，那是"老沈冶"给予申殿邦最朴素的荣誉。他将这张照片完好无损地保留了几十年，那是他的青春留下的芳华。

往事于申殿邦而言，满满的记忆都是崭新的，这是一张值得珍藏的照片，慰藉了他年老的岁月。

经历了大大小小技术改进和创新后，沈阳冶炼厂通过积累经验，为有色金属铜冶炼行业的发展做出了应有的贡献。在一定意义上，粗铅连续除铜作业代替繁重的粗铅间断除铜操作过程的实现，促进了整个行业向前发展。

社会在前行，技术在进步，每个人都是历史细节的展示者，通过申殿邦的讲述，原沈阳冶炼厂最初的模样呈现在眼前。

铜冶炼时代的最初模样

李幼玲：申总，您好！谢谢您在耄耋之年接受我的采访。您能回忆一下 20 世纪 50 年代的沈阳冶炼厂吗？

申殿邦：1952 年之前，我国只有一个铜冶炼厂，就是沈阳冶炼厂。沈阳冶炼厂是日本主导建设的资源输出型冶炼厂，工艺落后，劳动条件艰苦。

1952 年，我在郑州团市委工作。当时，我国为了发展自己的民族工业，一声令下，调动大批行政干部转型发展成为技术干部，18 岁的我毅然决然跟随时代的步伐转型进入技术行列。

1956 年，我从中南矿冶学院毕业后，分配到沈阳冶炼厂。实际上，1954 年我就来过沈阳冶炼厂见习实习。当时，工厂与学校紧密配合，冶炼厂非常欢迎学生去实习，帮助工厂解决问题。1955 年，中南矿冶学院整个年级 200 多人前往沈阳冶炼厂进行实习生活，实习队伍可谓浩浩荡荡，青春的力量，热血沸腾，学生与工人打成一片，热火朝天。1956 年，我被分配到沈阳冶炼厂，把青春献给了企业，企业就是我们的家。

当时，沈阳冶炼厂采用真吹炉进行吹炼，现在很少有人见过真吹炉。这是在世界上实属罕见的工艺。该工艺极为落后，工况条件十分恶劣，工人们每天灰头土脸，忍受真吹炉带来的繁重工作。后来，随着技术慢慢向前推进，企业拔掉了真吹炉，改成转炉进行吹炼。

自此，沈阳冶炼厂采用了烧结锅工艺进行生产。在烧结锅生产过程中，先将粉状原料烧成块，把块倒出来，再进行人工破碎，相当于重复劳动，能源浪费很大，厂房乌烟瘴气，低空弥漫的二氧化硫烟害很大，呛人耳目，脏、乱、差困扰着行业的发展。那时，工人们非常听话，无怨无悔，企业让干什么就干什么，我们一心装着国家，为了国家的富强热情不改，奋斗前行。

1952年之后，我们国家开始新建铜冶炼厂。铜陵有色冶炼厂是我国第一座在没有外援情况下自主设计和建设的较为先进的铜冶炼厂。

在百废待兴中，为了改变现状，沈阳冶炼厂跟随时代发展的步伐，对落后工艺继续改进，采用烧结机取代烧结锅，烧结机熔炼产出的块状物料虽然不用工人破碎，但还是具有烧结过程，"脏乱差"现象难以改变，劳动条件仍然艰苦恶劣。

当时，在工艺方面，市场上有企业引进闪速熔炼进行生产。闪速熔炼工艺不需要烧结，可以将粉状原料直接进入熔炼炉进行生产，而且熔炼强度很高，但该工艺技术投资高，占地面积大。

沈阳冶炼厂当时存在的矛盾是，熔炼炉如果直接用粉料生产，鼓风炉需要烧结块，如果改成鼓风炉，一是生产规模存在问题；二是一些技术受制约，采用闪速熔炼工艺有难度；三是熔炼采用鼓风炉进行生产，二氧化硫浓度低，制酸难，污染重，如果不制酸，烟气全部逸散空气中，环境污染严重。

面对实际难题，沈阳冶炼厂采用了富氧底吹熔炼工艺进行技术改进。通过创新，改用制氧机向鼓风炉输送富氧，二氧化硫浓度提高了很多，生产环境得到改善。

1982年左右，沈阳冶炼厂对粗铅间断除铜操作通过技术改造，用粗铅连续除铜作业代替了繁重的粗铅间断除铜操作过程，直接把铜富集到了冰铜里。那个年代，通过技术改进能把铜直接富集到冰铜里，我们在未知领域不断探索、不断研究，用自主研发的工艺技术为行业交出了最好的成绩单。

自此之后，沈阳冶炼厂的产品越来越多，包括铜、铅、锌、金、银、铋、镉、锑、硒、碲、铟、钯、白金、硫酸，同时，为修船厂专供除锈剂、为水泥厂提供矿化剂，以及生产直径 2mm 的无氧铜导线、电机车接触线（双沟线）等综合性产品，而且黄金年产量高达 11t，当时在全国遥遥领先。

图为 1992 年建成投产的我国第一条无氧铜杆生产线

从发展时期进行梳理，大致分为以下过程：

1951 年，沈阳冶炼厂正式投入工业生产，是我国第一个湿法炼锌生产企业。

1955 年，金属铟投产，得到了原冶金部的表扬，并奖励 2000 元。

1972 年，生产的铅、锌、铋、镉、铟、镓、碲、锑、硫、磷、硒等产品，其规格全部达到 99.9999％。

1973—1983年，开始生产硫化锌、硫化镉、硒化锌、硒化镉、碲化锌、碲化镉等产品，多元态势发展，实现资源最大化利用。

1958年3月，沈阳冶炼厂遵照原冶金部要求建设镍生产线。1959年产出电镍22吨，1960年扩建至年产500吨电镍，1977年停止生产。

在黄金生产方面，沈阳冶炼厂通过在铜冶炼和铅冶炼过程中配入金精矿。熔炼过程中，金进入粗铜粗铅中，精炼时，分别进入铜铅阳极泥中，再由金银车间处理生产金银，核心技术是在熔炼过程中改进炉渣成分，多配金精矿。

李幼玲：当时间断作业是怎样的？

申殿邦：整个过程就是人工捞渣、卸渣、装渣。作业劳动强度大，环境恶劣，安全没保障，工人吃不消啊！我曾经在一线工作过，知道从事粗铅间断除铜操作不仅过程风险高，而且繁重复杂程度让人难以支撑。

为了保障操作工人安全生产，减轻作业强度，我想通过技术创新，为工厂做点力所能及的事情。那段日子，工友们特别支持我的想法。我们并肩作战，别人休息，我就在炉子边不断地观察。通过查阅冶炼书籍，请教老师傅，最终创新了粗铅连续除铜作业过程。这就是沈阳冶炼厂通过早期摸索，为行业寻找到的一条通往清洁生产、减轻工人劳动强度的新路子。

最让我难忘的是，工艺技术的提高，降低了劳动强度，工人们欢呼雀跃，一句句发自肺腑的话语特别暖心，我从中获得了存在感、幸福感，使我更加热爱冶炼事业。

同时，当人工捞渣、卸渣、装渣间断作业实现连续作业时，一些质疑声却在行业内此起彼伏，很多人说沈阳冶炼厂不就是把工艺改成了连续作业吗，有什么了不起的。

实际上，从间断作业改成连续作业，取消人工捞渣、卸渣、装渣过程，难度非常大，需要技术作保障，技术高度不是一年两年就能够得到，要历经千锤百炼、不断实践。该技术成功实施，与老一辈"沈冶人"的技术积累和创新精神密不可分，也正是因为"老沈冶人"前期积累的技术经验、走过的创新之路，为冶炼行业技术改进夯实了基础。

李幼玲：这件事后，您最大的感受是什么？

申殿邦：人生需要目标，有了目标，还要敢于尝试。同时，要有感恩之心，如果能用技术改变周围环境，让工人有尊严地工作，那是对国家最好的回报。作为年轻人，吃点苦是历练，世上无难事，只要肯登攀，通过努力，我还获得过1972年度先进个人荣誉。

话又说回来，现在来看落后时期的冶炼工艺环境，对我们曾经在一线从事过该工作的员工来说，年龄大了之后，身体多多少少还是受些影响。所以环保技术、智能化发展的重要性体现在：一是机器代人；二是资源实现了最大化利用；三是为了人们的美好生活，时代在变，高质量发展是当务之急。

李幼玲：沈阳冶炼厂在发展中遇到过难题吗？

申殿邦：当然遇到过。有一段时间，沈阳冶炼厂生产的电解铜遭遇滞销，企业寻求延伸产业链条，向深加工方向发展。这期间，我们改进技术，通过电解铜直接向生产铜杆及无氧铜杆要效益，并在1992年建成投产了我国第一条无氧铜杆生产线。

另外，我们通过对市场进行调研、调查，还研发生产出无轨电车双钩线，实现了多元发展态势。当时，没有知识产权保护意识，很多企业来沈阳冶炼厂"取经"学习交流，很快，众多企业一窝蜂"抢占"了双钩线领域。那个年代，看到其他行业红红火火，激进跟风的企业也不少，可是无轨车双钩线市场的蛋糕本身就不大，最终导致产能过剩。

后来，随着冶炼企业环保力度的加大，我们又面临鼓风炉矿渣有效处理的难题。就矿渣来说，如果是矿山企业，可以直接把矿渣堆至矿坑里，可是作为在城市中发展起来的沈阳冶炼厂，矿渣成为了制约企业发展的一大难题。

那段时间，我们多方调研，发现了矿渣的利用市场，矿渣不仅可以代替铁作为生产水泥的原料，而且矿渣还可以作为除锈剂。

当时，国内船舶行业要对船进行除锈，有的企业用砂子对船进行除锈，价廉物美；有的企业从日本进口除锈剂，价格高昂。

我们用砂子和矿渣进行比较，矿渣比含二氧化硅的砂子除锈效果力度更佳。这样一来，天时地利，沈阳冶炼厂冶炼矿渣得到了最大化利用，解决了矿渣堆放的环保难题。

李幼玲：您退休后在原方圆公司工作期间都做了什么？

申殿邦：2005年，应原东营方圆有色金属有限公司董事长崔志祥聘请，我来到该公司工作。

这期间，方圆人想上炼铜工艺生产线。我们去越南考察。越南生权是世界第一个用底吹熔炼炼铜落地的企业。考察之后，公司决定，在国内第一家采用底吹熔炼工艺进行铜冶炼生产。当时，底吹熔炼炉设计规格直径4.4米、长16.5米，年产10万吨铜，2008年建成投产。

底吹熔炼炉投产后，生产效果良好，在2008年、2009年国内技术交流会上，该技术受到广泛赞誉。当时，全国许多企业前来学习交流；后来，河南灵宝、济源，山东烟台等冶炼厂都采用了该工艺进行建设，可以说对铜冶炼行业产生了一定的影响。

2010年和2011年，我们公司先后两次参加了德国国际技术交流会议。2010年，德国国际技术交流会在汉堡举行，我精心起草了一篇参会论文——《底吹炼铜技术介绍》，并在发言中对该技术进行了详细介绍。2011年，竟意外发现该论文被德国专业杂志第5期以图文并茂方式全文转载，并对前3名作者作了介绍，其中包括我，还有原方圆有色金属有限公司董事长崔志祥、副总经理王智。说实话，看到我们的技术荣登国外专业杂志，内心那叫一个自豪，因为我们国家的底吹技术不仅走出国门进行交流，而且得到了国际认可和关注。

在那次技术交流会上，我结识了澳大利亚昆士兰大学教授赵保军，我们应邀参观了波兰铜矿和炼铜厂，最大的感受就是国外的炼铜工艺不如我们的底吹工艺，还存在一定的差距。

2011年，德国国际技术交流会议在杜塞尔多夫举行，我们公司一如既往地做好前期准备工作。会上，结识了美国芝加哥普渡大学教授周谦；会后，周谦访问了方圆公司，我们也回访了普渡大学。我们参加了两次美国举办的国际学术交流会议，分别是2012年在波多黎各岛举行的国际学术交流会议和2014年在圣迭哥市举办的国际学术交流会议。2012年6月8日—12日，我在美国波多黎各参加了美国机械工程师学会2012年夏季年会，发表了《氧气底吹炼铜的传热过程》一文，论文由美国机械工程师学会编辑出版，编号是HT2012-58594。

随着前往国外市场进行技术交流次数的增加，国外对底吹技术有了一定程度的了解。同时，因为国外炼铜技术相对落后等因素，我们想把技术推向国际市场，不远万里前往智利科特科公司进行底吹技术介绍。2013年，科特科公司由总经理带队，两位副总经理相随，3人前来方圆公司对底吹炉技术进行调研，并到生产现场实地察看，最后他们认为收尘系统不配套，放弃了合作机会。这件事教训很深，使公司失去了一次良好的合作机会。现在想想，技术更新换代，各个环节一定要相互交叉实施配套，否则难以长远发展。

这些都是当年我在原东营方圆有色金属有限公司工作的亲身经历和体会。

李幼玲：现在铜冶炼企业开始规模化发展，您怎么看这一现象？

申殿邦：一个企业的规模大小会随时代的发展向前推动。要想生存与发展，关键要有发展思路，如果没有发展思路，很难在市场中立于不败之地。

对于企业规模化发展，根据我多年在行业摸爬滚打的经验，提几点参考意见：经营企业千头万绪，全盘考虑至关重要，要考虑生产能力，有多少能力办多少事情；要考虑生产场地扩大是否具备条件，附属生产车间的面积以及生产设备、辅助设备要扩多少；要考虑水电气供应扩容，以及排水排烟排渣系统和制酸能力扩容是否有地方；要考虑环保污染防治工作要素，在技术创新上要舍得投入。

耄耋之年　心系有色

当我采访完申殿邦，了解到他几十年如一日，笃定前行，初心不改，把青春献给了热爱的冶炼事业，敬重之心油然而生。特别是，在老沈冶最为恶劣的生产环境下，申殿邦想的是一线工人的疾苦，他敢想敢干，用自己的技术优势解决了员工超负荷的劳动工况难题。

1995年，申殿邦退休后，因为技术过硬扎实，多家企业纷纷相邀，他发挥余热帮助企业解难题：1996—2004年，他前往内蒙古一家工厂进行电铅启动投产工作；后来，湖南桂阳一铅厂进行恢复生产，他助力企业开工生产；河北保定一家企业建设铅厂和杂铜处理厂，他用技术实力帮助企业排忧解难。2006年，应前原东营方圆有色金属有限公司董事长崔志祥邀请，他在前方圆公司一干就是8年，他把精湛的本领都用在了指导行业技术创新上。

行业企业生产时采用了多大型号的炉子，他都一丝不苟地记录下来，这些字迹随着岁月的流逝，仍然清晰地留在笔记本里。

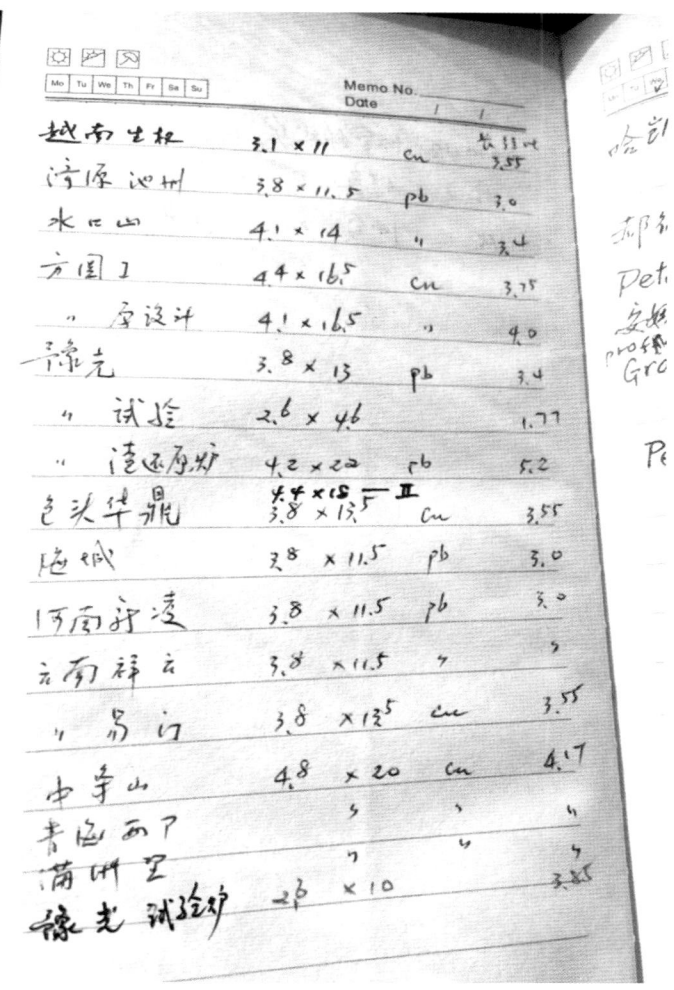

如今，耄耋之年，他心系有色，仍然关心行业技术发展情况，他希望行业年轻人沉下身子，为科技进步多作贡献。

尤其要感谢的是，我在采写过程中，由于时间拉得较长，从1月初到3月底，时间已经过去了3个月，每次遇到采访内容弄不明白，我马上给申殿邦发微信请教求证。

这期间，我发现在采访中虽然了解了真吹炉的落后，却忘记问真吹炉落后的原因是什么。

在文章完善过程中，我对该细节进行求证，申殿邦发来文字进行解释："真吹炉技术主要是放渣出铜条件很差，取消真吹炉后，利用转炉生产，从放渣或出铜进行比较，转炉转一点就可实现放渣或出铜，但真吹炉不能转动，是固定模式，必须开溜堵溜，开溜堵溜操作风险大，很可怕，容易烫伤员工，同时，环境污染严重，国内其他厂都没有这样的炉子。"

有时候，我还针对其他问题请教申殿邦："在试验过程中，或在生产中，一天当中，如果氧枪更换了3支，这表明什么呢？"

这个问题，是我当年去河南豫光金铅股份有限公司对三方试验团队进行采访时的一个细节。当时的描述是：紧急关头，聂发展、卫向平沉着镇定地要求把炉子转出来，关掉气体。当炉子转出时，氧枪及金属软管内都灌进了渣液，那一天，为了保证氧气顺利通到炉渣里，仅氧枪就更换了3支。

我当时并不明白一天氧枪更换了3支，试验团队想要表达什么？后来没有追问，所以到现在我想把这个问题弄明白，于是就问了老技术专家申殿邦。

申殿邦看到消息，马上回复，他说："这表明送氧量或加料量存在问题。"

类似这样的细节很多，在此感谢申殿邦的热心指导。另外，当我将最新消息，即华鼎铜业发展有限公司在炉子铜口、渣口、加料口实现了机械化智能操作过程告诉他时，他感慨地说："好厉害呀，这是行业的骄傲！"

通过行业专家讲述底吹炼铜技术的发展历程，以及对原沈阳冶炼厂最为落后的罕见的真吹炉生产工艺的描述对比，有色金属铜冶炼行业发展迅猛，可谓日新月异。

技术自信

冬去春来，寒来暑往，自 2020 年前往华鼎铜业发展有限公司采访过后，已有三年，这三年来，全底吹连续炼铜技术在华鼎铜业发展有限公司发展的情况如何，以及有没有新的创新点，都引起了我深度的兴趣和关注。2024 年 1月，我做足功课，沿着之前采访的脉络对袁俊智进行了深度访谈，力求把底吹炉不断完善的
创新故事连接起来，找寻铜冶炼行业发展的内部规律。

我曾打电话请教过袁俊智，华鼎铜业发展有限公司在实现了全热流生产等一系列重大技术飞跃后，近几年在技术创新方面是否取得新进展和新突破？袁俊智告诉我，小改小革不曾停止过。

当了解到华鼎铜业通过多年试验和实践，终于在底吹炉技术渣口、铜口、加料口实现了机械化智能生产时，我听出了袁俊智的喜悦。原来，几十年来，采用底吹炉生产工艺技术的铜冶炼企业，乃至铅冶炼企业，为了攻克该难题，对渣口、铜口、加料口实现机械化智能操作不断进行研发摸索，打通"最后一公里"，华鼎人用了 10 多年时间，终于啃下了这块"硬骨头"，向行业诠释了技术自信的力量。

当我把这个好消息告诉蒋继穆时，蒋继穆说，一项小发明有时候会让企业在众多竞争中脱颖而出，凡是发展较好，具有创新力的企业，必然经历过一番苦功夫，可谓"宝剑锋从磨砺出，梅花香自苦寒来"，这也是行业的福音。

实现渣口、铜口、加料口机械化，向智能化生产迈进

李幼玲：袁总您好！感谢您接受我的采访。三年前，我第一次前往华鼎铜业发展有限公司时，跟随您前往了"三连炉"生产现场，那时，企业通过生产为行业提供了很多实践数据，不知道现在炉子技术在完善过程中又做了哪些创新？

袁俊智：这几年，华鼎铜业发展有限公司的确发生了一定变化。一是提高了产能。为了优化生产过程，2022年，我们在吹炼、精炼系统保持原状的基础上，对现有熔炼炉系统进行了改造，截至目前，各项工艺指标运行良好；2023年，投了铜精矿，包括金精矿90万吨，相当于达到了20万吨铜的生产能力；生产中，原料采用金精矿较多，金精矿含铜低，所以铜产量16万吨。二是铜精砂里含金，通过贵金属回收，我们又增加了伴生金属品黄金，有了新的利润增长点。

目前，最新情况是实现了渣口、铜口、加料口机械化，向智能化生产迈进了一大步。这是我们在创新发展中为有色金属行业交出的又一份最好的成绩单。在底吹炉生产规模方面，我们虽然难以和百万吨级别的大企业相提并论，但我们为行业作出了不小的贡献。

底吹炼铜技术在短短几十年时间发展过程中存在很多不足之处。一直以来，渣口、铜口、加料口都是人工操作，人工操作环境

恶劣，熔体喷料时危险系数大，容易造成加料口粘渣黏结，影响生产。

为了安全生产，实现高效率放渣，多年来，行业内采用底吹生产铅和铜的企业都在尝试对加料口进行技术改造，可是没有一家企业突破这一瓶颈。我们华鼎人，为了顺应装备向机械智能化发展需要，10多年来，从来不曾放弃对加料口实现机械工艺配套试验。为了取得新成果，我们"满面灰尘、一身泥土"，全力试验，用过的液压缸、液压站、液压瓶一直堆放在企业，每当看到这些设备，就会给自己加压，告诫自己，加料口实现机械工艺配套生产这一关必须要过。特别是，在重塑产业结构过程中，智能化信息技术最终都要融入各行各业，所以为了推动技术装备的配套发展，我们十年如一日，功夫不负有心人，加料口实现机械工艺配套技术终于试验成功，实现了用机械化将底吹炉人工捅开和填堵炉口的操作过程，避免了因炉内熔渣温度过高难以堵眼，以及熔渣温度过低导致渣口打不开等现象，提高了整个冶炼环节作业率，与目前高放渣率实现有效匹配衔接。

在吹炼炉配备铜口国外堵眼机运行近10年基础上，我们通过加装熔炼炉铜口堵眼机，在常规堵眼功能上增加烧眼功能，进一步实现了机械化生产配套发展，为安全生产保驾护航。

为平衡热量，在连续炉料口配置残极加料机，实现了电解残极破碎后返回吹炼炉的生产方式。另外，通过摸索试验，在板式给料机基础上增加其他辅助设备，实现了全新残极加料机的生产应用，解决了残极破碎后勾挂粘连的现象，提高了残极输送效率，降低了工人劳动强度，该项技术装备工艺目前已经平稳运行3年时间。

在渣口人工取样方面，进一步创新方法。以前，人工取样实施过程遵循取样、磨样、化验、分析、出化验报告程序，存在时间较长等因素，当下，底吹炉渣口通过采用激光分析仪，能快速、精准、动态地测量渣的成分比例,以最快速度 60 秒出结果。由此,能帮助主控人员及时调整工艺操作,对稳定生产起到了良好的促进作用。

可以说,近 3 年时间,通过反复摸索,我们把底吹炉技术发挥到极致。在提高熔炼强度上,比较其他工艺炉型"高"看不到顶、"长"看不到头,可谓是小体型大产能,在炉子渣口、铜口、加料口实现了机械化操作过程。我们还将创新模式复制到其他几家企业,实现了双赢。目前,我们熔炼吹炼两个炉子 6 个口,都实现了自动化,虽然都是小改小革,但自动化程度的提高,减少了人员操作风险,提高了生产效率,实现了底吹炉加料口机械化,向智能化发展不断迈进。

当我们一次又一次为行业技术进步作出了突出贡献时,当每一个技术细节将提升作用发挥极致时,那种兴奋是我们对底吹炉由衷的热爱,那种自豪感和成就感不是奖励多少奖金可以获得的。

铜冶炼技术百花齐放

李幼玲：行业近些年技术呈现的发展趋势怎样？

袁俊智：对于有色金属行业来说，企业采用底吹炼铜技术工艺布局，在 2012 年左右，实现了市场最大化，到目前为止，大概 16 家企业采用底吹技术进行炼铜，如果加上底吹炼铅，大概共计 50 多家企业。

从技术角度而言，近 10 多年时间，国内铜冶炼技术可谓百花齐放，各有所长、各自绽放。

与国外技术相比较，还得从 2020 年说起。当时，美国肯尼科特公司技术中心主任乔治·肯尼迪两次发邮件邀请我们前往美国开展技术交流，由于距离远，加上遭遇疫情等影响，未能成行。

说到肯尼科特公司技术中心主任乔治·肯尼迪，我先介绍一下事情来源，那是 2016 年左右，乔治·肯尼迪来我们公司进行技术交流。

美国肯尼科特公司已有百年发展历程，在铜冶炼技术方面采用闪速熔炼工艺。闪速熔炼由菲利普研究开发，乔治·肯尼迪拥有"双闪之父"的美称。

交流之前，按通常思维，会认为具有百年历史的美国肯尼科特公司在装备和产能上，与华鼎铜业比较会拉开差距，胜出一筹。但通过交流，特别是当我让肯尼迪目睹在线监测系统烟筒排放尾气值时，我告诉乔治·肯尼迪，在我们中国，目前任何企业污染物排放情况都能通过数据看得一目了然，乔治·肯尼迪竖起大拇指连连称赞："你们中国人环保意识、先进理念都比我们强。"他形容自己的冶炼工厂，目前还呈现烟雾缭绕比较落后的状态。

乔治·肯尼迪拿出肯尼科特公司当时工厂车间的现场及工艺生产方面的照片让我看，我很惊讶，这家具有100年历史的企业，从冶炼车间的整洁程度、各层平台到地面，以及高温熔体、生产等环节所呈现的情景，和我们国家20年前的生产状况非常相似。

这让我想起2007年，我在原东营方圆有色金属有限公司工作时，由于公司刚上底吹工艺，车间到处弥漫着很厚的灰尘，每天上班，鞋子里、裤筒里灌满了灰尘，当时炉子的操作水平很落后。

我直截了当地告诉肯尼迪："你们现在的冶炼水平，是我们曾经老冶炼厂的工艺水平。"

在技术交流中，我们双方就危险废物处置情况也进行了交谈。

在铜冶炼过程中，我们用动力波把洗涤出来的重金属，包括铅、锌、砷等有毒有害元素，主要通过硫化把重金属反应出来，然后进行中和反应。这方面，美国肯尼科特公司同样通过硫化方式进行分离，但区别是硫化之后，他们将含砷重金属危废渣堆放于矿坑里。

这些年来，我们国家对于危废处置，不论永久性填埋，还是临时性解决措施，都做好了防渗、防渗漏工作，做到污染物不排放、不扩散，企业更是遵循环保问题无小事，丝毫不敢马虎大意。由此，也能看出我们对环境保护、持续发展的理念发生了很大改变。

通过和美国肯尼科特公司的交流，最大的体会是在技术发展上，我们通过了解国外铜冶炼行业的发展状态，从中也能了解我们自己的发展情景。在铜冶炼技术方面，10多年来我们国家技术工艺水平发生了天翻地覆的变化，而像美国肯尼科特公司在传统工艺冶炼生产方面还停留在几十年前的发展阶段，或许发达国家对传统重工业工艺需求不迫切，而我们国家起步晚，改革开放毕竟才40多年时间，各行各业发展体制还在不断完善进步，在向高质量转型发展奋勇前行，通过对比，作为铜冶炼人，为我们国家有色金属工业的技术进步深感自豪。

两种工艺技术互为补充

李幼玲：对于市场和企业来说，底吹工艺和闪速熔炼各自的优势是什么？

袁俊智：两种工艺各有千秋，各有缺点。从市场角度讲，两种工艺相互补充、相互推进；在市场不好的情况下，闪速熔炼工艺和熔池熔炼工艺的确存在差距。

从国内技术来说，近10年来，铜冶炼行业变化很大，作为生产企业，我们见证了行业的进步和发展；从当下技术来看，底吹炉发展早一些，熔池熔炼火法熔炼工艺除外，就是熔池熔炼和闪速熔炼工艺引领市场。目前，几家规模企业，比如铜陵有色、大冶宏盛、广西金川等新上项目、扩建项目主要采用双闪工艺。

熔池熔炼工艺的特点是："吃杂粮"，对原料的适应性更好，对含硫高低、含铜高低，以及杂质含量等容忍度高，脱杂能力强。

闪速熔炼工艺的特点是："吃细粮"，含铜配料要达到24%以上，包括硫含量，低了难以达到自热条件，因为悬浮熔炼过程中固体熔化，熔体形成过程非常短暂，条件要求苛刻。

从市场来说，好矿卖好价；从竞争能力来说，熔池熔炼技术工艺比闪速熔炼技术工艺更具优势。

当市场好时，闪速炉的优势体现在规模大，因为闪速熔炼年生产铜能力都在40万吨、50万吨，而熔池熔炼虽然现在也达到了30

万吨的产能，和闪速炉比较仍存在一定差距。目前，有企业为了加大规模，同时上马两套熔池熔炼系统，以此达到40万吨生产能力。该举措虽然不错，但闪速炉的效率规模还是占据优势，这种优势是在市场加工费高的情况下有所体现。市场不好时，弱点也会显现出来，即多生产多亏损。熔池熔炼在选择生产上游刃有余，既可以生产10万吨，也可生产20万吨，如果利用闪速炉生产，产能降低20%，还在企业可接受范围内，产量降得太多，闪速炉难以生产。

对于熔池熔炼来说，市场低迷时，可以买一些矿，像智利、欧洲等国家和地区，资源比较丰富，他们会把杂质高的矿低价出售，把金属元素高的矿留给自己生产加工，而杂质高的矿说白了给的就是高加工费。这样一来，熔池熔炼"吃杂"能力优势又体现出来。所以，两种工艺各有优劣，对市场形成了补充作用。

对于企业来说，不论采用熔池熔炼工艺，还是采用闪速熔炼工艺，生产出来的结果差距很大。近10年来，技术工艺方面，如双闪、侧吹加顶吹、双底吹、三底吹作为市场主流技术，每家企业都力求让技术发挥优势作用，但每种工艺都有自己的特点和优缺点。

绽放工艺优势

李幼玲：当下华鼎的优势是什么？

袁俊智：我们华鼎铜业发展有限公司采用的是"氧气底吹炉熔炼→氧气底吹连续吹炼炉吹炼→底吹精炼炉精炼全底吹"炼铜工艺技术，也就是所谓的三底吹"三连炉"工艺。三台炉子均采用底吹模式，气体通过炉体底部氧枪喷入炉内，熔体得到充分搅动，造渣造铜精炼氧化还原速度快，而且与其他同工艺企业比，容积小。

同时，底吹熔炼炉氧枪逐步变大，由当初的 $\varphi 48$ 毫米改为 $\varphi 68$ 毫米又改为 $\varphi 89$ 毫米，当前拟试验 $\varphi 108$ 毫米氧枪。底吹炉氧枪底座结构优化后，更换氧枪时间大幅减少，12～15分钟更换完毕；通过连吹炉调整氧枪砖周边砌筑结构，实现了氧枪周边围砖可更换，及时更换氧枪围砖又提高了氧枪砖的使用寿命；对连吹炉采取有效措施，提高了料口水套使用寿命，水套最多可用6～8年；连吹炉通过端墙进料，规避了溜槽上升烟道入口黏结的问题。

随着工艺设计参数及氧枪分配得更加合理化，全底吹连续炼铜技术日臻成熟。首先底吹炉本体不设水套，热量损失少，根据炉衬损耗情况统计，全底吹炉型检修周期较其他炉型长，大修周期3年以上，作业率高、冶炼强度大、除杂能力强。比如，100万吨投矿量情况下，每年可以处理20万吨含杂质较多的金精矿，可增加更多的经济效益。同时，各杂质元素在精炼环节能得到很好的脱除效果，粗铜杂质含量越高，其在精炼炉脱除率越高，反之越低。

在成本方面，华鼎铜业 20 万吨扩能改造项目，最大限度地利用了原有设备，大大减少了新设备的投资费用，在保持原有冶炼厂房的基础上，省去了土建投资的费用。

在能耗方面，阳极铜单位产品综合能耗，与国家标准《铜冶炼企业单位产品能源消耗限额》（GB 21248—2014）比较，远低于先进值 190 千克标准煤/吨；与《工业重点领域标杆水平和基准水平》（2023 版）比较，远低于标杆水平 180 千克标准煤/吨，华鼎铜业铜精矿到阳极板吨耗标煤为 106 千克，如果再考虑余热蒸汽的利用，综合能耗将会更低。

在环保方面，实现全热态底吹炉连续作业，溜槽全封闭，密封效果好，漏风率低；无烟气外逸，环集烟气少，热态熔体吊运过程中不会产生低空烟气；底吹熔炼富氧浓度达到 73%～75%，送风强度大；冶炼烟气稳定，SO_2 浓度高，制酸转化效果好，制酸吸收后烟气中 SO_2 浓度低，与环集烟气一同进入脱硫系统，经过处理，尾气 SO_2 排放浓度稳定且低于 10 毫克/立方米，另外，冶炼过程中 SO_3 发生率由改造前的 1.5% 下降到 0.5%～0.7%，吸收烟气中 SO_3 产生的稀酸量少，硫回收率提高。

在机械化发展方面，因熔炼过程熔池反应剧烈，造成熔体喷溅、加料口产生负压操作等问题。我们自主研发、设计的熔炼炉料口清焦机，委托第三方进行生产后，通过对接实现了料封效果好、清理料口内壁喷溅物的同时，不会产生"裙结"现象，实现了去人工化操作，避免了料口堵塞转动炉体而影响生产的问题。

这几年，我们不断摸索，在积累经验的同时，为行业企业解决了技术投产问题，也增长了更多领域的见识。比如，青海铜业"三连炉"工艺投产，我们给该企业操作员工实施现场技术培训，包括理论实践、现场经验传授等。通过技术培训，能更好地保障青海铜业生产线开产连续生产72小时,这对青海铜业来说,是学习借鉴掌握能力的过程。对于我们华鼎人,为其他企业实施技术培训,不仅能提高自身能力,又能在项目中发现问题。可以说,学习到书本上没有的知识领域,这为我们积累更多范围的经验打下基础,同时,又是把知识传授给兄弟企业,互相成长、共同进步,实现双赢。

帮助企业进行技术指导,看起来指导时间短暂,但我们深有体会,可谓"台上一分钟,台下十年功",这些技术能力是我们对"三连炉"工艺不断"折腾"的结果。可以说,用了多年时间才换来的宝贵经验,不论从炉子改造方面,还是人员培养方面,不断学习、不断创新、不断对接,在攀登中前行,没有捷径。

正是有了技术创新经验的驾驭能力,目前,河南豫光金铅股份有限公司采用双底吹用冷料生产铜领域板块,准备在现有技术基础上,采用"三连炉"进行扩大产能改造,并让我们给予技术指导,这是行业企业对华鼎人的信任,促使我们用技术服务行业,体现自身价值的过程。实际项目投产,对操作员工进行培训和技术指导既关键又重要,同行之间相互学习,相互促进是双赢,如果把自己的优势发挥好,掌握更多本领,优势越发凸显。

李幼玲:项目投产前,您认为员工培训发挥了哪些实质性作用?

袁俊智:员工培训的确有很多方面的意义。项目投产之前进行员工培训,对保护技术装备、仪器仪表、驾驭装备的技术能力,意义重大;通过结合项目技术调试等工作进行培训,使培训和生产准备工作同步开展,从而更好地保证投产进展顺利,为实现当年投产、达产做好充分准备;对操作人员来说,在全面掌握生产基本原理、工艺流程、设备性能等操作基础上,对装备机械、电器等起到了强化技术储备的作用,同时也达到了深化交流技术的目的;培训费用对于企业来说,看起来较高,但对保障劳动生产率意义深远。

88美元加工费背后需要理性

李幼玲：您怎么看加工费？

袁俊智：谈到加工费，以2023年市场为例，加工费高时达到了88美元，全国冶炼厂都实现了盈利水平，但我们不能只盯着2023年市场给出的高加工费，而是需要头脑清晰地应对纷繁变化的市场。

回过头来看，市场经历了2023年高加工费后，走出的实际情况令人思考。

2023年11月15日，智利在上海组织召开铜业会议，全球矿山企业、冶炼企业、贸易公司大家坐在一起，对下一年度的加工费进行谈判。在我的印象中，10年来，从来没有如此艰难的谈判现象，价格迟迟难以确定。这期间，中国企业表示，我们中国铜产能占据了全球50%以上，原料不卖给我们卖给谁。

双方僵持很久，最后贸易商及矿山行业作出让步，把加工费定在80美元，这个价格比2023年的加工费低了8美元。

当价格浮出水面后，真正现货在执行过程中，几乎没有见过这一价格，现在已经到了2024年1月底，现货价格基本在40美元左右徘徊。这就是市场，难以预料，没有人能捕捉先机。

面对这样的市场实际，以及通过近些年对铜行业规律的研究、信息积累等，我认为，TCRC的平衡点有若干条件可供参考，比如，美元和人民币汇率为7左右，以及铜价为6.8万元～6.9万元，这其中还包括LME价格和国内价差等影响。就是说，铜的平衡点应该在70美元左右时，生产企业才不至于亏损经营，一旦加工费下滑至40美元，企业只有一条路可走，就是亏本经营。

在铜业会议期间，包括贸易商和矿山企业纷纷咨询我们冶炼企业，这么低的加工费，你们会不会减产？我说，十几年来，我们华鼎铜业发展有限公司从来没有减产，如果从理性上分析，这么低的加工费，不用问，大家一定会减产。

我们公司在2023年11月到12月期间，通过平衡点算了一笔账。当下，以生产20万吨铜和生产10万吨铜进行比较，哪一个方案好？算完之后，得出结论：在当下条件下，减产合适，减产就是少生产、少亏损，才是明智的选择。

通过平衡账，从纷繁复杂的矛盾中看清事物本质，做好决断，因势而动。所以，2024年，我们只订了上半年订单，下半年没有实施，因为市场从来没有如此低迷的加工费。也就是说，我们通过寻找科学规律，发挥管理优势，在多变的客观环境下设法运用各种分析达到既定目标，在考虑宏观和微观的同时，对长期与短期关系都进行全面考虑，做到未雨绸缪、有备无患。经营企业，一定要把握好事物的发展趋势和潜在风险，任何情况下不能偏离目标值。

当实际情况摆在我们面前时，要举一反三，所有铜企业之间不会存在较大悬殊。可是，往往很多时候，很多企业在真正减产时，刻意表示自己企业在满负荷生产；相反，真正开足马力生产时，却说自己减产了，而真正减产实际就是要提高加工费。所以，价格不好时，企业多生产就会多亏损。当下，真正要解决的问题是，遇到难题，企业应该同心协力，共同面对，抱团取暖。

李幼玲：您怎么看人才流动？企业之间相互交流的理念是什么？

袁俊智：随着科技进步和经济社会发展，人才流动成为常态。就华鼎铜业发展有限公司来看，对于走出去的员工，华鼎铜业支持他们有更为广阔的发展空间，员工走出去寻找到了新的机遇，也体现了人才市场的需求；对于其他企业招贤纳士，一定意义上也展现出华鼎人的技术优势，以及对市场竞争的能力，这是华鼎人的荣幸。

同时，也不免为走出去的员工感到遗憾。打个比方，如果现在在企业担任厂长职务，离开公司3年后再回到岗位，可能会错失很多机会，也许连车间主任的职位都难以胜任，因为华鼎人在创新方面一直在持续升级、持续进步。我们不是今年创新了，明年就停止不前了。我们的创新，不急功近利，就是用成果为行业交出亮丽的成绩单。这份经历对员工才是历练和成长，在平凡中创造不平凡的本领。

对于企业之间的交流学习，实际上也是相互促进的过程。作为华鼎人，我们的理念是生产现场不藏着、不掖着，欢迎同行业走进生产现场做指导、提意见，相互促进，不断完善。

对于喜欢跟随发展的同行来说，即使我们把图纸让其他企业拿去复制，到第二年，我们的图纸又进行升级改进，而且不断提升创新速度和理念。对于喜欢复制的企业，永远难以追赶他人脚步。实际上，每个企业要有自身的发展理念，不能简单地复制跟随，跟随很难拥有自己的收获。

李幼玲：能说说您对底吹炉的感情吗？

袁俊智：我从事铜冶炼行业工作20多年，虽然做到了华鼎铜业发展有限公司总经理职务。但到目前为止，我并没有真正脱离一线工作范围。

对于底吹炉的热爱，可以说是发自内心。每个人理想不同，目标不同。大多数人喜欢从事企业管理工作，每天西装革履，干干净净。但在企业，进入一线车间，想要保持干干净净确实很难。我选择了一线，特别享受穿上工服、戴上口罩、套上劳保鞋，去底吹炉边和操作工人聊聊感受，听听机器的轰鸣声，看看铜锍热火朝天的生产现场。这样的氛围和情景，在我眼中非常亲切，无比热爱，这是真实的企业生活。

多年来，对于底吹炉的热爱，的确倾注了太多心血和热情。如果出差几天，不去生产现场走走看看，心里总觉得少点什么，回企业的第一时间必须去底吹炉边走一圈，那种感觉非常微妙，有热爱，有痴迷，几十年如一日，成为习惯。

当习惯成为自然，才发现自己一直以来对大大小小的改革情有独钟，每当小改小革通过试验取得成功。特别是为企业发挥一定作用时，那种兴奋激励我前行，那种幸福比老板奖励100万元还高兴。

李幼玲：华鼎铜业下一步的发展方向是什么？

袁俊智：当下，华鼎铜业发展有限公司冶炼能力在20万吨的基础上，正在可研及办理手续新增10万吨铜冶炼项目。同时，在内蒙古包头白云区选新址将建设20＋20万吨冶炼项目，在选择技术上，选择三底吹连续生产工艺。这是因为几年前，我们在增加产能、选择工艺技术改造时，对国内同行工艺进行了考察调研，通过调查，我们在综合比较行业竞争优势的基础上，选择了连续底吹炼铜技术工艺。

下一步，向底吹炉大型化生产发展方向努力。目前，从规格5.8米×30米的底吹熔炼炉实践看，干基投矿量约170万吨/年，熔炼强度为11.3吨/立方米/天。按照华鼎铜业发展有限公司实践的熔炼强度19.3吨/立方米/天测算，理论上，该规格底吹炉干基投矿量能达到200万吨/年，阳极板可达到40万吨/年。同时，逐步实现智能化炼铜发展，通过加大机械化、自动化以及智能化等研发投入，向自动卸料、自动卸泥、智能配料、皮带智能巡检等要效益，逐步实现由机器替人再到智能炼铜的发展，争取实现新突破，取得新成绩。

感受：

此次采访，学到了铜冶炼技术领域的新知识，比如渣口、铜口、加料口，以及 TCRC 平衡点等对市场的预判性。袁俊智通过细致透彻地分析，分享了自己多年来积累的宝贵经验。

听袁俊智滔滔不绝讲述企业现状和当下行业状况，是种享受，他思维缜密，有条不紊。在他看来，担当重任，去一线岗位不断磨砺意志，付出汗水，才能收获喜悦。

他带领团队敢于向行业挑战，练就了一身非凡的本领。每一次创新，向前进步一点点，都要经过无数次与技术展开"搏斗"。十几年来，把底吹技术做到了极致，实现了渣口、铜口、加料口的机械化生产，仅是研究成果，就足以让人惊叹，不仅完善了底吹炉的技术发展，还带动了装备制造业的进步，解决了生产过程中存在的棘手难题。

他两次说道，小改小革如果能为企业带来生产效益的变革，比老板奖励自己 100 万元都幸福。朴实的话语折射出内心的充盈和获得感。体现在行动上，则是华鼎人在研发上不等不靠、讲究速度、真抓实干，硕果累累。这些硕果最终展示了企业自己创新的亮点，带动了技术向前发展。

至此，一条主线，从底吹炼铜研发成功，到项目走出国门落地生产，再到国内第一条生产线建设落地，以及采用连续底吹技术对 PS 转炉进行改造等实际情况，通过专业人士进行解读，以及通过深入生产一线进行采访，行业企业"产学研"攻坚战所取得的成绩有目共睹，脉络清晰。

同时，通过介绍新中国第一座铜冶炼厂——原沈阳冶炼厂，用真吹炉工艺生产每一吨铜的真实状况，讲述中国有色金属铜冶炼行业经过几十年的发展变革，在一步步摆脱落后工艺技术的基础上，坚持技术不破不立；从跟随发展、小步前行，到各学科相互交叉，迅速奔跑，曾经落后的工艺一去不返。这些震撼人心的故事，是他们用时间、用汗水为行业谱写的赞歌，值得歌颂。

如今，有色金属铜冶炼各企业立足岗位，为实现中华民族伟大复兴之路添砖加瓦，再接再厉。

铅冶炼篇

从冶炼渣目估品位说起

在铅冶炼篇分享曾经采写的两位科技人物,一位是河南济源万洋冶炼集团总工程师李元香,另一位是河南金利金铅集团公司总工程师杨华锋,他们都是铅冶炼领域的技术专家。

分享的原因是,他们不仅理念前瞻,而且技术创新能力独具匠心。

从李元香和杨华锋的成长之路看,相同之处是,在冶炼炉前,他们用肉眼练就了目估冶炼渣品位的"火眼金睛",为自身的成长付出了艰辛的努力,获得了真正本领。

特别是听到杨华锋对1300摄氏度高铅渣氧气炉"痴迷"程度的描述,深感敬佩。他在谈到高铅渣如何被氧化,熔体如何翻滚,高铅渣黏度有多大,高铅渣在翻滚时如何对流、传导、进行交互反应,如何目估高铅渣品位时,已完全沉浸于对高温炉渣的研究过程,仿佛在享受一段优美的乐曲。

听着他的讲述,不仅文辞优美,而且具有动感,高温炉变得像艺术品,有了灵魂。目估需要吃苦的毅力。李元香和杨华锋从早期就坚持在冶炼炉前,对高铅渣进行目估,他们练就了这样的本领。最为开心的是在有幸记录科技人物的同时,记录了时代的发展变迁。

李元香的理念是:想让环保技术被更多的企业采用,对国家和企业做一点力所能及的事情。他没有豪言壮语,从大处着眼、小处着手,非常果敢地沉下身子,在实践中不断探索和创新。

杨华锋的理念是:创新要加快速度,创新慢了价值就会大打折扣。要想率先突破,企业一把手除了高瞻远瞩,还要不惜资金大力支持创新,员工要有饱满的创新热情;如果一直守着成果,不去破旧立新,即使再好的技术也会被超越;一线科技工作者要对各个专业技术了如指掌,比如对锅炉、电机、仪表、耐火材料等要不断完善对接,才能让工艺不断优化和提升;要想成为专家型人才,一生只做一件事看起来很容易,但坚守下来,使不可能成为可能才是最难的事情;成果的背后需要探索、反复试验,需要有不同声音的质疑。

当年采访杨华锋,听他讲理论知识,并非多么理解。后来,随着时间推移,采访的人多了,会有所感悟,感受到真正成功的人,他们表达的思想都具有向上的动能。哪怕岗位再苦再累,他们仍然坚持做喜欢的事情;哪怕低到尘埃,不被他人理解,不计较别人的眼光,坚持不懈向目标挺进。他们愿意讲述自己的故事、讲述创新的历程,对技术不藏着、不掖着,一门心思想把对行业有用的环保技术传播出去,实现互赢。

采访这些科技工作者,最大的收获就是励志。特别是把这些故事串起来进行讲述,发现他们像大树一样挺拔,大树需要万千枝条于一身,而他们的创新故事放在一起,就是一树的繁华。我被春华秋实所鼓励,于是我也有了想讲述他们故事的愿望,这也是一种表达,也是一种学习的过程,向他们学习,学到本领,也是不恐慌的原因。

铅冶炼行业的"土专家"李元香

在铅冶炼行业,提起李元香的名字,无人不晓。当时,人们称李元香为铅冶炼行业"土"专家,说起这位"土"专家,他的故事很精彩,只有初中文化程度的李元香,通过自身努力,还走进了中国铅锌行业专家委员会的行列。

2012年9月,我采访了当时担任河南济源万洋冶炼集团总工程师的李元香,采写了《历练中铸就灿烂人生》的报道。当时,李元香年近70岁。

那一次采访,不仅认识了李元香,还对铅冶炼行业有了进一步了解。

李元香个头高大,说话声音洪亮,从他的气质上看,和诗歌、散文难以相联系。热衷于冶炼工作的他,工作之外,闲情雅致,诗歌作伴,他有诗和远方的浪漫情怀。

那天,我听完李元香的故事,接过他出版的散文诗集,一页又一页地翻阅时,"黄绿柳抽丝,红粉桃杏枝"映入眼帘,他赠人玫瑰,手留余香。我看着诗集字里行间安宁祥和,他将生活点滴观察得细致入微,用温馨的抒情方式表达了自己对美好生活的追求。

热爱生活的李元香与冶炼炉的情结又是怎样呢？

年近七旬、仅有初中文化程度的李元香，很不简单，他给我讲述了自己的故事。

1967年，李元香参加工作，进入了济源综合冶炼厂，就是现在的豫光金铅集团。那时候，他和炼铅工人们一起使用打罐炼铅技术进行生产，工作条件艰苦恶劣，每天一身灰、一脸黑。这样的工作环境，李元香一边忙着工作，一边坚守岗位学技能。

20世纪80年代，随着环保力度的加大，工业提出"工艺出城、项目上山"的发展口号，铅冶炼工艺技术由烧结锅向烧结机转型升级。

这期间，从原料到冶炼及生产电铅等环节，李元香没有放弃任何环节跟随实践锻炼。他发现，在铅冶炼技术升级过程中，技术对生产至关重要，于是，他想用技术成就自己，改变现状。那段时间，他一边向老师傅请教，一边读书。当时专业工具书少得可怜，有一本叫《铅的生产》的工具书，成了他的"良师益友"，他爱不释手，一有时间，就废寝忘食去学习，书被翻得褶皱了，他学到了很多专业知识，并渐渐懂得了氧化还原、硅酸度、电流密度等冶炼知识。

当时，艰苦的工作环境因素，很多家庭条件稍好的员工纷纷离开企业，可是李元香需要这份工作养家糊口，同时，他心中已经有了学技能改变命运的梦想。

这种梦想，让他付出了比常人更多的努力，在冶炼炉前工作的情景，让李元香终身难忘。铅鼓风炉放渣时，温度高达50～60摄氏度，工作现场，热浪袭来，如利刃一般刺痛皮肤。这样的日子，李元香咬紧牙关，紧盯火炉。为了掌握熔融过程的变化，眼睛疲惫了，他稍加休息，继续目不转睛，日复一日，年复一年，练就了"火眼金睛"，学到的本领是不看化验单，只需目测就能准确判断出渣成分。

在济源综合冶炼厂工作了29年的李元香，为自己一路走来的不放弃而内心欢喜，自从拥有了真本领，他开始在铅冶炼行业崭露头角。

1995年，50岁的李元香从济源综合冶炼厂内退后，由于炼铅经验丰富，当时，长江以北的大部分炼铅企业，纷纷邀请李元香前往企业帮忙指导铅冶炼技术。

这些炼铅厂技术可谓五花八门，有的采用打罐炼铅，有的是反射炉炼铅，还有的企业采用烧结机鼓风炉炼铅。对李元香来说，工艺不同，机会千载难逢，不仅能历练，而且可以展示自己过硬的技术能力。就这样，李元香抓住了实施改进工艺的大好时机，通过不断实践，积累了丰富的经验，技术更加炉火纯青。

这期间，陕西一家国企，在生产过程中，烧结车间烟雾缭绕，两个员工面对面都难辨别对方容貌。李元香的到来，一是为企业解决了收尘问题，二是帮助企业解决了鼓风炉开炉问题。当时开炉时渣含铅量高达17%，在李元香的指导下，该企业开炉不到24小时，成功地将渣含铅量降到了4%。

内蒙古一家企业，铅电解时电流效率只有60%，正常效率是94%以上。李元香通过查找原因，发现员工们不擦拭铜排铜棒，导致电流接触面受阻，造成了铅阴极、阳极温度高，无法触摸的现象。李元香通过制定操作规程，经过3天时间现场调试，电流效率很快上升到90%。

通过大胆实践，企业在节省能源的同时，经济效益大幅提升。最让李元香骄傲的是，通过技术升级、绿色发展，以前企业周围寸草不生，后来，植被慢慢茂盛起来，绿色生态带来的变化，让人们的生活更加美好，李元香再次感受到了技术的力量。

由于给炼铅企业指导技术的机会越来越多，李元香的名气越来越大，家乡的父老乡亲让李元香带着大伙儿干些事情。1995年，李元香和其他8位农民共同出资37.5万元，自此，万洋冶炼公司从小作坊开始发展。

当时，作为企业生产工艺"总设计者"的"土"专家李元香，便开始了从"土"到"洋"的一系列设计工作。

起初，由于缺少资金，万洋冶炼公司电解槽采用砖头进行砌筑，一个砖砌电解槽造价200元，如果采用钢筋水泥预制作电解槽，造价需要3000元。用李元香的话说，铅电解对电解槽强度的要求并不高，关键是防腐要好，当时万洋冶炼公司936个电解槽全部使用砖砌槽，仅此一项节约投资260万元。

"土"专家李元香开始不断发挥作用。在讨论该公司49平方米烧结机生产线工程方案时，经过深思熟虑，他言简意赅表示："14条皮带廊在厂区来回环绕，减去13条，留1条即可……"就这样，方案落到实处，该公司烧结机生产线，减掉了一台破碎机，又减去了为安装该设备增加的一层厂房；另外，为主厂房行车的吊装空间又减去5米；50多万元的梭式布料机，换成了用两块钢板焊起来、成本只要3000元的分料器；鼓风炉风机选型时，通过选择合理风量风机，一台设备年可节电50万元。

李元香凭借自身的技术优势，关键时刻，发挥作用，为企业生产建设节约了高额成本。

不得不说，万洋冶炼公司将氧化—还原—烟化三炉紧密布置进行创新生产的工艺设计，更是李元香值得炫耀的大手笔。谈起这一设计，李元香会心一笑。他解释，当时，按照原设计，施工要占地250亩，投资需要3亿多元，而万洋冶炼公司的实际情况是，可用建设土地分成4块，加起来面积只有67亩。面对该情景，不仅设计院不愿接手，而且李元香感慨道："在这样的山坡上建设生产线，的确不是一件容易的事情。"

那段时间，李元香殚精竭虑，除对工作进行总体规划布局之外，3个月时间，只要一有思路，不论白天夜晚，他马上起身用笔将想法记录下来，在苦苦坚持下，这项工程设计突破了原设计的很多条条框框，最为出彩的是实现了氧化—还原—烟化三炉紧密布置的创新生产工艺，工程投资只花了1.1亿元，节省了很大的建设成本。

通过"土"专家李元香创新开拓的设计理念，2011年3月10日，"三连炉"竣工，全系统试车一次点火成功。投入使用以来，粗铅生产的直接费用降到了589元，比同类企业1000元的生产成本降低了40%；创造了以单一煤作为燃料和还原剂的液态高铅渣还原新工艺，在铅冶炼过程中取消了电热前床；工艺实现了短流程，减少了占地面积，布置紧凑，密闭性好，大幅降低了能耗和污染物的排放。而且，万洋冶炼公司"三连炉直接炼铅技术研究及产业化应用"项目科技成果通过鉴定，专家组一致认为该项目技术先进，总体技术达到了国际领先水平。

"三连炉"的落地，带动了铅冶炼行业很多企业采用"三连炉"进行设计生产，在实现双赢的同时，"土"专家李元香，将"土"字变为过去式。面对发展，李元香表达了自己最真实的想法。他说："让环保技术被更多的企业采用，也是对国家和企业做了一点力所能及的事情。"

这就是仅有初中文化程度的李元香与铅冶炼行业的故事。在冶炼鼓风炉前有着40多年铅冶炼技术工作经验的他，做事雷厉风行，写起诗来细腻柔和，曾经的磨砺像诗一样芬芳着他古稀年龄的美好岁月。

看到但斌说过的一段话：巴菲特之所以伟大，不在于他在75岁的时候拥有450亿财富，而在于他年轻的时候想明白了许多事情，然后用一生的岁月来坚守。

而李元香的技术精湛，也是从年轻时开始大量积累，走专业技术型人才的发展之路，70岁的时候，他仍然前往一线视察工艺技术环节，发光发热。

这是我采访的李元香，与铅冶炼行业的故事。

编后语：

自从认识了李元香，记得有一年冬天，李元香来北京出差，他找到了我们办公室，来看同事刘京青和我。当时我们没有认出来，他戴着有些发旧的灰色帽子，背着一个黑色的大挎包，和在企业见到时的模样，一样朴素，一样热情，一样和蔼可亲。

那天短暂一叙，大家笑逐颜开，李元香给我们带来了一份精致的礼物，那是老人家给我们的新年祝福，无比温暖。

自此之后，我也再没去河南济源出差，不知道老人家现在如何。是不是仍然喜欢写点诗歌和散文？那些"春和景明，波澜不惊"的人生阅历定很惬意。

斗转星移，日复一日。从此，想到铅冶炼行业技术专家，就会想到李元香的名字。

铅冶炼行业的技术专家杨华锋

行业一位专家曾说过这样一句话,"小角色"也有大作为,有色金属行业要想发展到世界领先水平,就要靠行业里一个又一个小角色撑起科技创新的新天地。

杨华锋是铅冶炼行业企业的一线技术专家,结缘铅冶炼行业,不得不说说杨华锋和河南金利金铅集团有限公司。

2017年1月5日,我在北京采访了河南金利金铅集团有限公司总工程师杨华锋。

当时,杨华锋刚下动车,他来参加中华国际科学交流基金会第二届"杰出工程师奖"颁奖典礼,他获得了"杰出工程师鼓励奖"的荣誉。这次见到他,我采写了《将纯氧侧吹熔池熔炼技术进行到底》的文章。

每次见到杨华锋,他衣着一成不变,白衬衫加蓝西服,不苟言笑,个性十足。当我问他现在企业最大的变化是什么,他告诉我,现在很多周边人愿意把自己孩子送来企业工作,他们不再谈铅色变。这么多年过去了,这些话语,我记忆犹新。

在获得"杰出工程师奖"的30名工程师中,大咖云云,有"嫦娥三号"总设计师、全球首个与5G相关的世界大奖得主,有

"世界煤制油大奖"得主，有我国高坝设计科研领军人物，而杨华锋则来自有色金属行业铅冶炼领域最基层。

那次采访，杨华锋语气坚定地说："一生只做一件事，就是将液态铅渣侧吹炉直接还原技术进行到底。"杨华锋为自己的理想设定目标，而且在这样的目标追求下，他收获满满：先后用纯氧侧吹熔池熔炼技术延伸和拓展到纯氧侧吹处理阳极泥，纯氧侧吹处理铅酸废旧蓄电池，纯氧侧吹处理含锑物料、处理除铜渣等，都取得了显著的效果。

聊起往事，故事还得从杨华锋早先在一家国企工作时说起，当时，厂里生产铅采用底吹熔炼鼓风炉还原工艺，底吹出来的高铅渣需要冷却铸锭后再进入鼓风炉熔炼，造成热渣潜热损失、铸渣机拉得很长、占地面积很大等问题，这是制约生产的因素之一；另外，鼓风炉还原需用焦炭，焦炭价格十分昂贵，造成企业成本居高不下。

当时，由于工艺技术的制约，整个铅冶炼行业都在寻求技术突破，特别是随着绿色生产理念的提出，让资源最大化利用，行业企业迫切希望研发出新的技术成果推动科技进步。

那时候，杨华锋的梦想，就是要为铅冶炼行业创新研发出一种前沿技术，这种技术是去掉鼓风炉，用还原炉替代鼓风炉，让工艺变得简单环保，降低能耗和成本。

为了理想，杨华锋将行动付诸实践，别人休息时，他要么在阅读资料，要么在生产一线。他常常守着放渣炉，用肉眼观看渣以什么状态流出来；高温炉边，汗水浸透了衣服，豆大的汗珠掉下来，他忘我工作，扎扎实实掌握本领。当时，他践行实际的做法常人难以理解，一些人认为杨华锋追逐金钱急功近利，各种言辞面前，倔强的杨华锋不理会、不辩驳，他只管朝着绿色"冶炼"梦想的发展方向去努力。

金利金铅集团伸出橄榄枝

一次偶然机会,河南金利金铅集团有限公司向杨华锋伸出橄榄枝,杨华锋有了展示梦想的舞台。

河南金利金铅集团有限公司是一家由 12 户农民集资 160 万元从小作坊发展起来的企业,该企业自 2001 年涉足铅冶炼行业,2003 年该公司投资 3210 万元,用烧结机粗铅生产工艺淘汰了落后的烧结锅工艺。

杨华锋刚到河南金利金铅集团有限公司工作时,该公司当时采用的是烧结机工艺。2006 年 8 月,在杨华锋主持下,河南金利金铅集团有限公司斥资 3.28 亿元开始建设具有国际先进水平的年产 8 万吨铅熔池熔炼项目,先后建设了两条底吹炉氧化侧吹炉还原的铅冶炼系统。

至此,河南金利金铅集团有限公司作为国内率先淘汰鼓风机的铅冶炼企业,开始引领行业向绿色冶炼要效益,逐渐改变了人们对铅冶炼高能耗、高污染的看法。

在不断发展过程中,河南金利金铅集团有限公司一步一个脚印,对环保不惜重金进行投入。该公司一把手成全明在公司确定的人才战略更是高瞻远瞩,点点滴滴彰显社会责任。在金利直接冶炼法项目研制初期,面对重重困难,成全明作为项目承担的第一责任人。他带头表示:"我们金利人不怕失败,失败了我们可以再来;就是失败了,责任也不用你们承担,我是责任的担当者。"这样的智谋与担当,杨华锋看在眼里,他坚定了要扎根金利的热情和信心,跟随金利金铅集团而发展,这一干就是 20 年。

为了充分利用高铅渣潜热,以及取消铸渣机利用煤炭替代焦炭进行生产,河南金利金铅集团有限公司积极参加了"液态高铅渣直接还原"的国家研发课题,该课题共有 3 个子项(中国恩菲工程技术有限公司、河南金利金铅集团有限公司、水口山集团）进行示范性产业研发，其中，河南金利金铅集团有限公司主要负责纯氧侧吹还原工艺的研发工作，通过和中国恩菲深度合作，该项研发很快取得了成功。

2001年，杨华锋带领团队开始执着钻研纯氧侧吹熔池熔炼直接还原液态高铅渣工艺技术；2008年年底，该工艺在河南金利金铅集团公司开始建设；2009年，纯氧侧吹熔池熔炼直接还原液态高铅渣生产线试产成功。河南金利金铅集团有限公司立刻采用"底吹熔炼—纯氧侧吹还原—烟化炉挥发"新工艺，开创了全国单系列最大年处理35万吨的生产线。

为了完善侧吹工艺存在的不足环节，杨华锋和团队在生产一线每天将冶炼、放渣、制酸等过程所得结果记录在案，反复对比，了然于心。

那段时间，最让杨华锋"痴迷"的是，1300摄氏度高铅渣氧气炉，渣如何被氧化？熔体如何翻滚？渣黏度有多大？渣在翻滚时如何对流、传导、进行交互反应？

多少个黎明和黑夜，为了弄清一组数据，他们无数次分析对比后再进行试验，累了困了，趴在桌上呼呼而睡；多少次，有了不同声音，大伙儿争执得面红耳赤，只为结果实事求是，用科学数据说话，做到以理服人。

通过日复一日的不懈努力，杨华锋和团队成功研发出"纯氧侧吹熔池熔炼直接还原液态高铅渣"新工艺。用杨华锋的话说，"纯氧侧吹熔池熔炼直接还原液态高铅渣工艺"能如此迅速研发成功，能在金利金铅集团实现工业化应用，实际上与企业一把手成全明的创新理念，对科技工作者的爱才惜才重才，与金利金铅集团长期坚持技术创新密不可分。

该工艺不仅解决了烧结机在破碎过程中存在的粉尘蔓延低空污染

问题，还解决了低浓度脱硫制酸等难题，而且取消了对高铅渣熔融后再铸锭，同时，还取消了铸轧机和还原过程用焦炭等高成本操作。

与传统工艺相比较，产出粗铅单位产品综合能耗下降到每吨消耗标准煤167.28千克（当时，国家发展改革委执行标准是每吨粗铅折合标准煤380千克），以全国粗铅产能300万吨/年计算，年可节约能耗638160吨标准煤，节能降耗优势明显。此外，该技术粗铅冶炼回收率达到了98.5%，其他有价金属得到了最大化利用。

液态铅渣侧吹炉直接还原项目于2009年在河南金利金铅集团有限公司试产成功后，该项目被鉴定为"整体技术达到国际领先水平"；2010年12月，还获得中国有色金属工业科技进步奖一等奖。同时，河南金利金铅集团有限公司和中国恩菲工程技术有限公司共同研发的该项成果还获得了国家科技进步奖二等奖。

最为直观的是随着液态铅渣侧吹炉直接还原技术的不断延伸，粗锑、再生铅、阳极泥等循环经济产业链回收利用领域，都为企业赢得了真金白银的丰硕回报。当时，这些冶炼技术以其卓越的节能降耗水平和超低的排放优势，被推广应用到湖南、云南、安徽、青海、内蒙古等国内多个省份的有色金属冶炼行业，同时，还走出国门被推广应用到塔吉克斯坦，为绿色生产发挥了有效作用。

从金利集团发展看行业技术的变革，可谓一代人肩负着时代的寄托，拉着历史创新的巨轮不畏艰难，向前行走。该企业冶炼技术先后经历4次大改造，从烧结锅到烧结机，再到氧气底吹炉，从鼓风炉到液态高铅渣侧吹直接还原炉，从单一的铅冶炼到多种有价金属的综合回收，在不断变革发展中，我们看到有色行业技术发生了翻天覆地的变化，从作坊式乌烟瘴气的落后工艺，到现代化绿色冶炼的科学发展，这些不断的变化，正是一个个像杨华锋这样的"小角色"，为中国铅冶炼行业的发展作出了巨大的贡献，带动了行业的科技进步。

天道酬勤。杨华锋和团队在河南金利金铅集团有限公司这个大平台上发挥了自身的价值，同时企业发展空间不断拓展。杨华锋还荣获了2011年度济源市"十佳典型人物"中的"十佳科技创新人才"荣誉。2017年见到杨华锋时，他前来参加中华国际科学交流基金会第二届"杰出工程师奖"颁奖典礼，获得了"杰出工程师鼓励奖"的荣誉。

通过杨华锋的故事，我们看到，当被别人嘲笑时，是否有勇气继续前行很重要，杨华锋的做法是不用在意别人的白眼，认定目标、砥砺前行。

通过采访学习，这些人物背后的故事，对改变社会进程起到了很大的促进作用，是新一代学习的榜样，正是因为他和团队共同的努力，强国建设需要这样的团队精神，功成不必在我，但功成必然有我，奉献自己的一份力量。只有劲往一处使，才能使团队精神发挥到极致。

锌冶炼篇

从不吝啬言语指导

李若贵是锌冶炼行业的技术专家，2012 年被评为"全国有色金属行业设计大师"。认识李若贵很多年了，他严谨直率、热情真诚、精益求精。为了写该书，我把想采访李若贵，就锌冶炼技术领域近些年发生了哪些变化等真实想法说出来后，他的话朴实感人："有些问题，我要思考一下；你要出第一本书，且是处女作，大力支持；锌冶炼方面文字，我要把把关，稿子写完后一定要让我看看，或许能提点建议。"

近些年来，我采访过几次李若贵，写完稿后，我第一时间就会发给他。有一次把李若贵写成了全国设计大师，李若贵认真地修改，并告诉我："蒋继穆院长是国家设计大师，我是有色金属行业设计大师，所以不能冠以国家设计大师，仅说设计大师是可以的。"

他非常低调，即使身为锌冶炼行业大师，对老一辈专家依然保有充分的尊重。

多年来，我不知道在微信上请教了多少关于有色金属行业相关的问题，只要有时间，李若贵都不吝赐教，让我受益匪浅。

逐一攻破"卡脖子"关键装备技术

李幼玲：李总，您好！感谢您在百忙之中接受我的采访。锌冶炼行业近年来发生的变化大吗？发生了哪些变化？

李若贵：近几十年来，我国有色金属行业高速发展，无论是总产量，还是技术发展，都产生了质的飞跃。这种翻天覆地的变化是几十年前根本不敢想象的。有色冶金初期发展阶段，我们渴望得到国外最新技术的支持，但国外专家在交流过程中无数遍介绍自己的企业广告，想了解核心技术非常有限。那时候，人家宣讲，我们聆听，很难在同一个平台进行技术交流，收获往往不如预期。现在情况大有改观，我们实现了与西方发达国家在平等的基础上进行技术交流，这一切得益于我们有完备的工业体系、完善的锌冶炼技术，以及完整的锌冶炼工业生产线，而且全产业链实现了全部国产装备为引领，这是其他国家都无法比拟的。

从一定意义上来说，也是中国恩菲工程技术有限公司一代又一代人接力赛跑，辛勤付出，创造的无数奇迹和丰硕成果。

我记得，1993 年刚担任中国恩菲总设计师时，国内锌冶炼总产量仅 50 万吨/年，经过大家共同努力，现早已突破 700 万吨/年大关，近十年，始终占全球锌总产量的 50% 左右。以往需考虑引进的几个"卡脖子"关键装备技术，现在逐一攻破，甚至有所超越，工艺技术实现了全面覆盖，特别在特大型流态化焙烧炉、综合回收、浸出渣处理等方面已经遥遥领先国际先进水平。

从历史发展来看，我们锌冶炼重大原创性技术确实很少，特别是主工艺技术几乎都是西方"舶来品"，从某种意义上讲，我们是站在西方的肩膀上发展自己的技术。近几年，随着高质量发展脚步向前迈进，我国非常重视技术原创性，在锌冶炼工艺技术和装备方面有了较大突破，这也是引起同行尊重的一个重要因素。

李幼玲：您设计过哪些项目？曾经最深刻的记忆有哪些？

李若贵：我有幸承担数个锌冶炼项目的总设计师，印象较深的有：株洲冶炼厂、西北铅锌冶炼厂、赤峰冶炼厂、巴彦淖尔紫金等大型冶炼厂项目，也有许多10万吨/年规模的锌冶炼项目。

想起往事，就像过电影一般，那时手工制图，效率很低，即便设计制图是高手的老同志，也要5天左右才完成一张甲$_1$图纸。早期，我跟随老同志参与了许多项目设计，由于跟随画图等因素，不经脑子思考，所以干了哪些活，连项目名称都记不住了。

自从设计西北铅锌冶炼厂项目，成为承担专业负责人，角色转换，身上有了担子，责任清晰起来，明确哪些活儿属于自己分内工作，由被动变为主动，开始筹划工作安排，并统筹兼顾安排参与项目设计人员的工作，最珍惜的还是第一次担任专业负责人，那次锻炼，刻骨铭心。从普通制图设计人员开始，承担冶金理论计算、设计条件、工艺试验、技术考察、现场服务，甚至参加试车投产全过程，虽然环境艰苦，但成长很快。

当工作步入快车道，很多问题接踵而至。回过头来看，才发现人生就是面对问题，然后一个又一个地去解决问题。先是成家立业有了孩子，没有房子，住着集体宿舍，感慨啥时候能分上房子；紧接着，设计工作很多时候要去现场服务，现场服务有规定要在企业留守3个月才能轮换回京，这样一来，家里根本无暇顾及，无论是孩子病了，还是爱人有病，都得坚守现场；而设计院的特点是，哪个同志完成任务越好，领导对该同志工作越放心，越愿意安排任务压担子，承担的设计任务多了，忙得像旋转的陀螺根本停不下来。

作为设计专业技术人员，如果长期满足于设计简单、重复的工程，而不善于承担复杂艰巨的高难度技术工程，肯定不利于自身设计水平的提高。当时很矛盾，既想顾家，又想忙事业，忠孝难两全。

那个年代，就出差这件事情，车慢路远，火车卧铺一票难求，碰到现场紧急情况，坐上硬座赶赴现场，绿皮车到白银最快运行36小时，到株洲最快28小时，从昆明或西宁回北京，没有购到卧铺票，火车上3个晚上硬座鏖战都曾经历过，就这样，院里不少人羡慕我出差坐火车游览祖国大好山河，对我来说，能从制图板上解脱出来，也是另一种状态的放松。

冶金一室火法二组当时有20多人，我被同事推选为火法组长，后来火法一、二组合并，员工一下增到50多人，后冶金一室改名为冶金一所，我升为室主任。为了不辜负同事们的期望，我发扬优良传统，重活、累活留给自己；设计工作量常常以图纸计算，设计难的部分，设计进度慢、图纸量少，业绩不出彩；在奖金分配上，我一直遵循分配要公道，年终奖金总数全部公开，大家辛苦了一年都期待年终奖金多拿点，自己不能多要，甚至公开自己奖金仅比平均奖金数多10%的真实数据，这一点赢得了大家的信任。

工作期间，最难安排的是出差，去现场有相应要求，必须有能力独立解决问题。老同志现场经验丰富，可是因身体欠佳等因素，很多时候不愿去；年轻人面临各种实际难题，去不了。有一次，我在白银待了3个月，按说本该来人替换我回京了，可是左等不来、右等不来，当时指挥工作没有恰当的联络方式，打长途电话很贵，写信周期长，无奈之下，我回到北京，去单位解决替换任务，结果还是没有合适人选。当时，我是组长，又是党员，只能发挥模范带头作用，买好车票，又在白银待了3个月。

现场出差有苦有乐，当时伙食费一律自掏腰包，我们带着全国粮票到当地购买大米和面粉，工作之后回到宿舍大家一起动手做饭，其乐融融；到1989年后，我们的出差补助费提高到4元/天，高标准差补也慰藉着我们的内心。

记得20世纪90年代初，我在现场出差，我家孩子读小学，有一次孩子生病高烧不退，在院医务室连续打了70多针，听到这个消息，我心急如焚，可是心有余力不足，唯一能做的是盼望着任务结束后，回家尽一份父亲的责任。

我在院里最长一次出差长达近一年时间，是前往株冶现场施工服务。当时我兼职总设计师，1995年过完春节，我带队到株冶现场，一直工作到年底才返回北京。过了春节，正好株冶铅烧结烟气治理工程试车投产，就这样，春节期间我再次前往现场。

其次，去伊朗YAZD锌冶炼厂施工服务6个月，当时恰逢项目投产，服务期限本是3~4个月，但在业主单位要求下，又延长了3个月，6个多月后，业主坚决不让我离开，院里特别编了回国理由才放行。这期间，我非常自豪，得到了业主的信任，他们给予了我很高的荣誉。比如说，该厂的正门，仅厂长或上级贵宾可开门通行，厂长多次邀请我乘他的车，享受从正门出行的待遇。我回国离开YAZD飞往德黑兰，当地政府安排我会见YAZD政府首领，送我去YAZD机场，飞到德黑兰由伊朗矿业部接机等，这些都是对我专家身份的特殊礼仪，让我感受到宾至如归、亲如一家，可以说，一分耕耘收获了十分热情。

赢得业主信赖

对我来说，服务企业，能为企业解决具体问题，比什么都幸福。

1993年年底，株洲冶炼厂锌二期10万吨锌扩建项目启动，我第一次兼职任项目副总设计师，1997年正式调任专职项目总设计师，担此重任，机会难得，在老同志"传帮带"下，出色完成任务，赢得了业主好评。

当时，株冶项目在有色金属行业，不论设计进度、施工、安装，还是投产达产达标，可谓速度迅猛，而且产品质量100％达到国际先进水平，企业经济效益十分显著，装备水平在当时国内同等规模中遥遥领先，各项环保指标均达到国家规定的排放标准。该项目也因此得到有色行业专家及领导较高评价。另外，株冶锌二系统10万吨改扩建工程投产成功后，经专家组织评定：株冶工程投资相对较少、建设周期短、见效快、效益好，工程技术处于国内领先水平，部分技术达到国际先进水平，为我国锌冶炼技术发展树立了成功典范，具有推广实用价值。10万吨锌改扩建项目如期投产后，株洲冶炼厂授予了我"荣誉职工"称号。

在伊朗YAZD锌冶炼厂施工投产期间，焙烧炉冷却盘管出口DN100管道至锅炉汽包，中间距离约40米，仅有一个穿楼板支架固定，其余均为吊架，当焙烧炉温度升至900摄氏度时，30多公斤的压力蒸汽使该管剧烈晃荡，摆幅达400毫米左右，这表明管架设置不合理，严重威胁操作安全。伊方害怕蒸汽管发生事故，又不敢派人上去进行固定抢修，此时焙烧炉刚刚投料，伊朗YAZD锌冶炼厂厂长和NFC现场经理难以做出马上停炉的决策，不少人站在焙烧操作主平台上面面相觑。我要求立即停炉，伊方迟疑不决。这种状况不能拖延时间，如发生事故，人命关天，设计背负的责任可想而知。千钧一发之际，我立即找来几根绳子，跑上前进行临时固定，当时SO_2烟气呛人，呛得我眼泪直流，把蒸汽管固定住，一场虚惊才得以平复。

影响伊朗YAZD锌冶炼厂焙烧正常生产的主要因素是设备问

题，中方一些设备厂家提供的标准设备及非标准设备中，有些质量低劣，性能不能满足设计要求，使试车投产无法按期实施，焙烧炉蒸汽盘管端头盲板焊接没有按照设计要求进行，导致蒸汽管爆管。有一天，随着一声爆管发出巨响，我立刻奔向焙烧车间，好在是中午时分，造成几个人员严重受伤，万幸没有造成死亡事故。

该湿法系统自1999年10月投产以来，设备已经运转数月，如果有问题早就暴露无遗，而焙烧炉刚开炉，问题较为集中，所以为及时了解焙烧炉存在的问题，必须要掌握第一手材料。于是，我毫不犹豫钻进还未冷却的温度高达100摄氏度的炉膛内，检查沸腾层、炉栅情况，在炉内难以观察存在的问题，我又从焙烧炉风箱人孔门爬进去，观察风帽脱落情况，当时高温灼热，我汗流浃背，再加上SO_2烟气熏人，待我走出炉子，灰头土脸，完全一个煤矿工人的模样。

巴彦淖尔紫金20万吨锌冶炼项目，锌精矿原料锌低、铁高、杂质高、可回收的有价元素低，选择工艺流程成了最大问题。我们深入国内各大企业进行调研，确定了合适的工艺流程，在戈壁滩上建设生产线，冬季严寒，春季风沙大，恶劣条件下，工程建设要求高起点、高标准。为了满足施工进度需求，我们千方百计努力践行，最终该工程以投资省、建设速度快等体现了良好效益，创造了我国锌冶炼建设工程史的神话和奇迹；设计创造了设计院10万吨/年锌冶炼一期工程最快历史纪录，从开始编制可行性研究到竣工投产仅用15个月完成，从开工建设到投产仅用13个月完成，创造了当时工程建设的最快速度。建成投产后，紫金集团还授予我"优秀协助者"奖牌。

投产是检验设计成功与否的关键标准

李幼玲：设计最艰难时期是什么？

李若贵：设计最艰难时期是试车投产，投产是检验设计成功与否的关键标准。20世纪我国环保要求不严格，冶炼厂利用环保漏洞打"擦边球"，焙烧炉投产基本选择在晚上进行，后来即便设置开炉事故烟囱，焙烧投产初期烟气没有经过任何中和处理，便从开炉烟囱直接排空，造成了冶炼厂周围环境空气重度污染，给环保造成惨重代价。

早期，我参加过无数次焙烧炉投料正式投产，通宵达旦留守焙烧炉旁，意想不到的故障仍然层出不穷，焙烧炉投产失败可谓是家常便饭；投产不顺利，业主脸色凝重，我们的心情跟随沉重起来。当时，许多冶炼厂还将设计院总设计师列在投产指挥部副总指挥位置，压力之大可想而知。

随着环保力度的不断加大，设计方必须无条件严格执行，企业法人代表及主管环保领导绝对不敢以身试法。一方面不允许烟气不经处理随意排空，另一方面焙烧系统设计更加成熟，特别是业主经验更加丰富，大家对焙烧炉投产再也没有之前那种紧张气氛，无须选择深更半夜偷偷摸摸进行投产，而且焙烧炉基本都实现一次投产成功。

在投产期间，有一次最为紧张的投产过程，就是株洲冶炼集团锌二期焙烧炉投产。试投产还算成功，恰巧湖南省委书记、省长周日要来株冶参观焙烧炉，当晚焙烧炉不给力，无论采取什么措施都处于死炉状态，无法挽救。周日上午，参观焙烧炉投产的车队浩浩荡荡如期而至，我在现场忙活了一晚上，炉子仍然没有开起来，以为厂长会大发雷霆，没想到厂长临危不惧，一边安慰员工辛苦了，一边让大家赶紧洗把脸，振奋精神，并指挥员工将全部设备空转起来。当省领导来到焙烧炉平台，听着轰鸣的机器声，连声鼓励大家："好！好！好！你们辛苦了。"当时，厂长把我介绍给领导，我羞愧难当。现在想想，那次投产很滑稽，好在外行看热闹，内行看门道，就怕中间杀出个半懂不懂的"土专家"，那就露馅了。

我说这些，就是想表明投产是检验设计成功与否的关键时刻，而当时，死炉现象很常态，我们就是这样通过时间检验，理论与实践不断结合，才发展到今天的成就。

李幼玲：您最得意的设计之作是哪个冶炼厂？

李若贵：是赤峰中色，原名赤峰冶炼厂。该企业一期工程仅2万吨规模，设计与生产运行管理都存在一定问题，投产几经周折，生产运行非常艰难，设计与业主双方关系一度跌入低谷。

赤峰冶炼厂由于自身困难重重，成了业内有名的欠账专业户。设计院领导权衡利弊后，要求我接手介入该项目设计，尽管我十分不情愿，但这是一项组织安排，必须服从。当时，业主领导因故易人，换了新班子。我组织参加株冶项目设计团队的骨干力量，深入赤峰冶炼厂进行调研，有针对性地提交了二期改扩建设计方案，当时该企业资金严重短缺，我密切配合业主，苦口婆心地说服南非库博公司入股，并顺利进行方案实施。

该项目二期投产后，赤峰冶炼厂有了较大改观，生产基本正常运行。由于5万吨生产规模仍然受制于发展的脚步，我与该厂总经理王凤朝、副总经理兼总工程师李龙多次商量，就如何改扩建进行研究筹划，方案考虑时机成熟，并将方案从保密到实施公开，让中色建入股，由此，迅速开展三期工程建设。

该项目三期投产后，规模达到 10 万吨以上。此时，赤峰冶炼厂实现从濒临倒闭到健康运行，彻底改变了企业的形象，时任总理朱镕基也表扬该企业，他说："这是一个很有希望的企业。"后来在当地政府与中色股份的支持下，赤峰中色开展了四期 10 万吨改扩建工程，形成了 20 多万吨规模。由于管理得当，企业效益增长明显，成为锌冶炼行业的先进标杆。

这是我与赤峰冶炼厂的一段典型经历，可以说让一个濒临绝境的企业起死回生，企业有了美好的明天，我无比荣幸，赤峰冶炼厂成功簿上有我一份功劳，此生足矣。

186平方米流态化焙烧炉实现跨越

李幼玲：您共设计了多少工厂？哪个项目对行业影响力最大？主要影响力是什么？

李若贵：时代成就个人，历史赋予重任。我担任总设计师期间设计的项目较多，迄今为止是完成国内锌冶炼项目最多、锌产能最高，项目几乎遍布国内各大型锌冶炼企业的设计师。

我承担项目总设计师遵循的理念是急企业所急，为企业所想，把分内事做好；把论文写在祖国大地上，去研究解决行业企业的具体问题，用好的设计理念进行工作布局。这期间，我主动承担起培训企业技术骨干的任务，教他们冶金计算知识，让企业员工在实际生产应用中明白冶金理论管理的重要性。因此，我也获得了许多锌冶炼企业的好评，这也是企业对我们设计团队给予的信任和肯定。

通过多年工作历练，我尤其擅长锌冶炼焙烧工作。一直以来，我特别关注焙烧炉的技术进步，自从西北冶炼厂引进第一台109平方米流态化焙烧炉后，我积极推广到株冶10万吨/年锌改扩项目中，研究如何吸收消化109平方米流态化焙烧炉。后来，该型号焙烧炉在株冶成功投产，国内相继有20台109平方米流态化焙烧炉成功应用并投产。这一创新不仅成为佳话，而且为《铅锌行业准入条件》规范标准夯实了基础。

最为遗憾的是，虽然对109平方米流态化焙烧炉做了无数次改进，但毕竟没有脱离引进技术的影子，我们多次在国外项目竞标中，苦于没有大焙烧炉，失去了与外国公司竞争的机会。

实现大焙烧炉是我的夙愿，我们始终在寻找机会，希望在项目建设上有所突破。在西北铅锌冶炼厂改扩建项目中，终于采用了152平方米流态化焙烧炉，但开发应用大焙烧炉的过程却历经坎坷，因为毕竟是国内首台自行研发的特大型焙烧炉，许多细节问题需要不断求证、对接、探索。最终，152平方米流态化焙烧炉实施投产运行正常，"152平方米流态化焙烧炉技术开发与应用"获得中国有色金属建设协会科技进步奖一等奖；同时，还获得中国五矿集团有限公司科技进步奖一等奖。

152平方米流态化焙烧炉是目前世界最大的焙烧炉，也是锌冶炼焙烧系统最关键的核心设备，该成果打破了国外鲁奇公司（现为OT公司）123平方米焙烧炉的长期技术垄断，形成中国具有自主知识产权的新一代冶金炉技术。有了首台152平方米流态化焙烧炉成功案例，对推广至株冶30万吨锌搬迁工程起到了关键作用。后来，株冶大胆采用2台152平方米流态化焙烧炉进行生产，正是因为首台152平方米流态化焙烧炉投产积累的经验与教训，为后续焙烧炉克服不足、有效改进设计发挥了更加完善的作用，所以株冶投产变得异常顺利。

通过推广，目前，河南金利冶炼厂也采用152平方米流态化焙烧炉进行生产。同时，我们在河南济源万洋集团锌冶炼项目推广了186平方米流态化焙烧炉，即单台焙烧炉可达到20万吨锌产能，已经进入施工图设计阶段；葫芦岛锌厂改扩建项目也采用186平方米流态化焙烧炉，工程设计进入实质性阶段；未来，其他项目也有意向采用186平方米流态化焙烧炉。从当下来看，装备向大规模发展，焙烧系统以及整个锌冶炼完整产业链的智能化、数字化发展，都是向节能、环保、高效生产而努力的方向。

工艺技术存在客观合理性

李幼玲：企业在选择技术上是怎样的？

李若贵：在锌冶炼工艺技术选择上，存在一些争议现象。由于每个人的认知范围不同，以及企业存在的认知差异等，常常在讨论所上项目选择哪种工艺技术时，难免发生激烈争辩现象，但所有目的都是选择合理的工艺技术方案，更好地完成工程项目建设。

锌冶炼工艺技术选择确实比较复杂，我们不可能在同一时期、同一地点，以及相同规模、类似标准下生产使用同一种原料进行生产，而且还通过同一班组操作及管理人员水平同等条件下，使用不同工艺流程技术进行比较，得出各种技术经济指标，以此证明其工艺技术的优劣，这种假设不现实。任何工艺技术的存在虽然不一定具有合法性和先进性，但都有其存在的客观性与合理性，良莠判别不能绝对化。

近年来，在设计方面存在的问题主要是，因为项目签约多，设计进度方面不尽如人意，引起业主极为不满。另外，内部忙闲不均等都是导致问题存在的要素。既要完成众多的设计任务，还要保证设计质量好，让业主满意才是我们努力的方向。

由此，我想到当年亲历从画图板手工绘制图纸，到计算机绘制图纸的转型过程。20世纪80年代末，计算机刚刚进入设计领域，设计手段更新换代，从手工绘图到计算机制图，我们是首批践行者；设计院对人员舍得投入，外派人员到国内外进行培训，但培训人员回归设计岗位时，仍旧采用图板制图，在习惯作用下，手工绘图比计算机制图熟练，当时计算机制图并没有真正推广开，难以发挥其应有的作用和价值。

20世纪90年代，伊朗亚兹德锌冶炼项目设计正式开始，外方要求我们采用计算机制图，这是设计院第一个要求计算机制图的项目。起初，我们的目标是部分图纸采用计算机制图，以装潢门面达到目的，因为当时院里仅有几台制图计算机，并且集中统一管理。

我记得自己带着设计任务学计算机画图，与平时没有压力学计算机制图完全是两回事，采用计算机制图，就得抢占计算机，那段日子，我每天早晨6点半前到计算机站门口排队等候，每次抢到计算机可谓莫大荣幸，常常在电脑上工作一小时再去吃早饭，晚上10点离开办公室，起早贪黑连续工作几个月，直到大部分设计子项都完成后才喘口气。当正式用计算机制图的设计成果呈现于眼前时，从内心感受到这是自己用计算机替代手工制图的第一份正式成品。那时候，我发现认知非常重要，经过一年多潜心钻研，除综合管网外，其他设计子项均已完成设计。

由于伊朗锌厂工程综合管网必须参照国际标准进行设计，这为我们用计算机设计打下了基础。同时，随着认知的改变，在综合管网设计中，我被委任设计主角工作，当时，为了多学知识，我还跑去化工设计院（环球公司）观摩学习，认真听老师讲课；国外几张式样图，我不知反复看了多少遍，就这样很快成长起来。通过半年集中设计，不但完成了设计任务，还领略到了管道设计的国际通用标准的合理性和科学性，为设计院在综合管网设计方面提供了宝贵的经验。

后来尝到计算机制图的甜头，再也没有抱怨计算机制图的烦恼。不久，计算机制图普及至每个员工，而我正是见证从图板手工制图到计算机制图历史转换的践行者。有了计算机这个好帮手，过去同专业多人干一个项目，现在一个人干多个项目很常见；许多老同志甚至一辈子都没有机会担当专业负责人，现在年轻人几乎都有机会承担专业负责人，甚至一人同时承担数个项目专业负责人。当年仅西北冶综合管网一个子项设计，组织 20 多人集中办公，起早贪黑工作 8 个月，效率低下可想而知；现在一个稍大型完整项目大概半年时间即可完工，这就是时代发生的变化。

从计算机画图这件事情来看，认识决定一些领域的高度，就像选工艺技术一样，工艺技术没有最好，只要适合企业的技术就是好技术。

世界上锌冶炼最清洁的工厂

李幼玲：以前建一个锌冶炼厂用多长时间？产能多大？现在多长时间？世界上锌冶炼最清洁的工厂是哪家企业？

李若贵：20世纪50~70年代，有色金属锌冶炼厂建设周期一般要3~5年。株洲冶炼厂一期工程10万吨/年锌规模当时还需要在苏联专家指导下开始建设，属于"一五"计划中以苏联帮助中国建设的156个项目之一，从设计到建设共计五六年，正常达产又要5年以上，前后10余年才真正达产。

进入20世纪80年代，加快了建设步伐，西北冶炼厂10万吨/年锌生产线，引进核心技术，包括109平方米焙烧炉等配套装备技术，整体提高了我国锌冶炼工艺技术和装备水平，但建设速度在设计单位和施工单位共同努力下需要整整5年时间，其中，像西北铅锌冶炼厂综合管设计集中精兵强将，加班加点进行设计，整整耗时8个月才完成，可见当时效率之低，现在10万吨/年规模锌冶炼厂综合管网，得益于计算机制图软件设计，仅2~3个专业人员，2~3个月就可完成，今非昔比。

进入20世纪90年代，株洲冶炼厂二期10万吨/年锌扩建工程，从开工建设到竣工投产用了2年4个月，在行业内创造了建设奇迹；巴彦淖尔紫金10万吨/年锌冶炼厂于2005年4月12日开工建设，在地处戈壁、冬季天寒地冻等艰苦条件下，2006年5月中旬投产，仅用13个月建设周期，刷新建设速度新纪录；株冶搬迁30万吨/年锌冶炼项目，2018年初真正动工，年底部分主要车间顺利投产，再次创造大规模、快速度的建设奇迹。

以往，大型锌冶炼项目设计及开工建设前，必须落实关键国外引进部分设备，比如焙烧炉、余热锅炉、高温风机、SO_2风机、剥锌机组、定位吊车、搅拌桨等，还要申请筹备相应数额的外汇。随着我国装备水平的提高，这些特殊设备都逐步国产化，自株冶搬迁项目开始，全部设备均已实施国产化，客观地说，设备供货制造厂也加大配套力度，功不可没。

1949年，我国锌冶炼总产能不足1万吨/年，在国际发展变革中，我们没有话语权。2023年，我国锌总产量达到700万吨/年、产能占全球总量近50%，实现了大型冶炼设备全部装备国产化，任何国家都无法超越。今天的中国，锌冶炼不但在产能上占绝对优势，而且工艺技术齐全，世界上任何工艺技术我们都具备，毫不夸张地说，我们许多工艺技术，独门技巧是外企难以掌握的，这是我们的优势所在。

而且，我国锌冶炼环保标准在世界上最为严厉，锌冶炼浸出渣全部要求无害化处理，锌冶炼企业综合回收力度最大，回收了任何有价值的元素，比如铜（Cu）、银（Ag）、铅（Pb）、镉（Cd）、钴（Co）等；待浸出渣处理投产后，进一步回收铟（In）等稀散金属，提高了企业综合技术经济效益，世界其他冶炼厂都没有做到这一步。赤峰中色锌冶炼厂规范化生产管理，国际锌协会会长及专家一行参观后，评价赤峰中色锌冶炼厂"这是世界上锌冶炼最清洁的工厂"。

技术保密是有原则的

李幼玲：您作为锌冶炼行业的首席专家，经常去生产现场指导工作解决问题，您的初心是什么？

李若贵：我作为长期深入锌冶炼设计第一线的技术专家，最自豪的是我们设计的锌冶炼厂都能如期建成投产，把我们的设计蓝图变成一座座美丽的现代化工厂，这是我们的夙愿。作为锌冶炼专家，我应该将自己掌握的知识传递出去，让同行有所收益、有所影响，如果以技术保密为由将知识高高挂起，就成了伪专家。实际上，技术保密是有原则的，在不违反原则的前提下充分交流，才能赢得信任、赢得市场。我不能成为不受企业欢迎的假面具专家，我喜欢去基层与企业专业人员敞开心扉地交流，大家共同提高。

在发展中，每个锌冶炼厂多多少少都有很多共性，主要表现在建设地点不同、原料成分不同，工艺流程选择也会不同，而且建设标准、建设时期、环保要求等均有所不同。因此，各厂特点鲜明，甚至有较大差异。对于设计人员来说，首先应该具备一定的专业理论知识和实际现场经验，在充分了解业主需求的基础上，有针对性地提供技术方案，让业主感到可信、可行、满意。

特别新组建的锌冶炼企业，技术人员技能薄弱，根据我们的经验，建议他们将新员工送到有经验的生产厂学习培训外，我们也主动开展技术交流，甚至对部分有一定基础的技术人员进行技术讲座培训，让企业及时了解锌冶炼动态，通过不断与企业开展互动交流，提高我国锌冶炼整体技术水平。

工程设计必须一次成功

李幼玲：一名合格的总设计师要具备哪些领域的知识结构？

李若贵：一名合格的总设计师，不仅是技术专家也是管理专家，也就是说一丝不苟做专家的事，踏踏实实做杂事、难事；不要自认为是专家，有意无意地表现出领先一步、技胜一筹；总设计师名望越高，技术越精，职责越大，做不到这些，会阻碍自己成为优秀总设计师的前行之路；必须诚心诚意听取不同意见，谦虚好学，及时接纳新观念；要履职尽责，不欺下、不瞒上、不推诿；充分理解认同各专业技术人员的工作价值，合理平等分配、考核设计工作量。总而言之，合格的总设计师是干出来的。

工程试验和工程设计完全不同，工程试验允许失败，可以重新再来，而工程设计与工程试验不同，它是工程建设的灵魂，是创新的重要载体，更是综合运用各种知识和技术相互交叉的结合体，工程设计必须一次成功。所以设计必须严格执行相关标准和规范要求，进行实际合理的应用。同时，设计还必须遵守国家及建设所在地的法规、政策，特别是环保、安全标准等，而总设计师通过合理规划、周密计划等，把表达出来的设计思考最终体现在设计成果上，并通过精心设计，达到预期目的。

设计是集体创作。一支设计团队从主体工艺到辅助专业，不论是老同志、新员工，还是普通服务人员，缺一不可，没有高低贵贱之分，没有大家的共同努力，就不可能有成功的工程设计。

作为总设计师，要培养管理者的宽广视野，从技术到管理必须跨越台阶，绝不只是表现个人的力量，而是通过个人努力建立一个好团队，依靠该团队，形成团队精神，才能无往不胜。

总设计师属于基层管理者，就如同比赛教练、影视导演、乐队指挥，既是策划者，组织者，又是实践者，具有摇旗呐喊、带头冲锋的作用；总设计师这一角色，在担任之前，至少是本专业出类拔萃的人才，承担后需要向全方位发展，能否成为技术专家需要整个行业的共同认可，其知名度、所做贡献，以及宣传等都有很大作用。

设计与业主利益休戚相关，每一个设计变更失误都可能造成工程费用的增加，而总设计师还需从事大量的管理事务，包括市场开发、合同收费、技术推介、信息保密等。

技术和管理之间的不同点很多。管理对人，技术对事；管理似水，技术如钢；管理重感情，技术重理性；管理贵在均衡，技术追求完美；管理是宏观，技术是微观。总设计师在做好设计管理、项目管理的同时，要想成为企业高级管理人员，必须摒弃个性，隐藏锋芒，提高情商，甚至经历地狱般地摧残磨炼。从另一方面来看，十年如一日，忍辱负重，总设计师赢得的自豪感、成就感，难以用金钱所衡量。

掌控世界锌冶炼行业话语权

李幼玲：当下企业最关心的问题是什么？锌冶炼行业存在的问题是什么？请您给予一些建议。

李若贵：当下，我们还不能随意到世界各地工厂参观学习，我很羡慕国外同行往返世界锌冶炼企业指点江山，什么时候我们可以随时随地指点世界锌冶炼工厂时，才能真正了解锌行业动向，真王成为世界导向，掌控世界锌冶炼行业话语权。

锌产品价格不由冶炼企业做主，而是由市场所决定，但锌冶炼可以在产量上有所控制，所以锌冶炼企业对市场影响力微乎其微。但有经验的企业管理者，可以敏锐判断市场行情，及时果断购买原料、销售产品，从而使效益最大化。

锌冶炼企业最关心的还是效益，效益关系到企业的生存；建工厂、搞生产也是为了效益，这是企业的根本目的。不管是经济效益，还是社会效益，没有效益就不会发展生产。

锌冶炼企业生产过程中存在许多 As、Hg、Pb、Cd、Cr、TI 等有害元素，同时生产过程中还会遇到高温、高压（蒸汽、空气）、酸、碱、盐、有毒、腐蚀，以及存在废气、污水、弃渣、粉尘、噪声、热辐射、放射性等。

锌冶炼产业链长，工艺错综复杂，生产线处处潜在危险红线。作为企业管理者最关心安全和环保问题，尤其是负责该领域的领导，为此担惊受怕、提心吊胆，甚至效益在安全、环保面前也退其次要地位。反之，没有安全、环保作保障，哪来效益作支撑？比如，早先还考虑浸出渣处理与不处理等流程比较，工业和信息化部公告〔2020〕第 7 号《铅锌行业规范条件》和国家标准《铅锌冶炼厂工艺设计规范》贯彻实施后，浸出渣必须进行处理，下一步如何实施资源化、减量化、无害化生产是当务之急，不同时期标准要求不同，所以认识要跟上形势。在安全、环保的前提下，尽可能开展综合回收，做好这项工作，也是有效提高企业效益的途径。

10 万吨规模以下的企业寥寥无几

李幼玲：您说 10 万吨规模以下的企业倒闭不少，这些企业倒闭的原因是什么？企业需注意什么？

李若贵：前几年，还有为数不多 10 万吨规模以下锌冶炼企业在生死线上挣扎，特别是粗犷型、原始型环保污染严重的企业，生存难以为继；市场竞争残酷，优胜劣汰是自然规律，不少规模小的锌冶炼企业纷纷倒下，再也无力回天；还有部分企业克服了种种困难，顽强站起来，走改扩建道路，通过技术升级，扩大产能，提高了经济效益。

锌冶炼 10 万吨规模以下的企业，虽然部分也具备完整产业链，但规模小的企业已寥寥无几。犄角旮旯的偏僻地方，还存在规模极小、管理混乱、偷排现象，也就是说过渡时期仍存在管理不到位，监管失职甚至保护地方利益，明显"睁眼瞎"现象，这些企业侥幸一时，早晚也逃脱不了。

从近期筹划建设来看，都是 20 万吨以上锌冶炼项目，钢铁企业的发展规律就是榜样，走强强联合是方向。未来锌冶炼集中度肯定会更高，朝着更新换代，技术升级改造，以及自动化、信息化、数字化、智能化方向迈进。

火烧云项目对锌冶炼规模产生的作用

李幼玲：从新疆火烧云项目来看，规模化发展的意义是什么？是否会成为行业的标杆企业？火烧云项目由于地理位置海拔高等因素，会不会存在招人难等问题？

李若贵：新疆火烧云项目坐落在和田洛浦县工业园区内，海拔1400米，园区距洛浦县城约15千米，可以依托的对外交通为G315，其从园区东北侧经过，沿国道经过和田往西北可达叶城、喀什，往东可到民丰、若羌等地，同时民丰往北有一条笔直的沙漠公路，可以直达轮台。除了现状G315、S326外，位于园区北侧的喀和高速（G3012）正在建设，其在G315西侧留有出口，今后园区可通过喀和高速实现与全疆对外联系；铁路方面，号称"南疆大动脉、新疆与内地联系的第二战略通道"的"喀—和"铁路线路已基本确定。

火烧云铅锌矿，海拔5400~5700米，该矿是世界上少有的特大型碳酸盐铅锌氧化矿，初步探明金属锌储量1585万吨，锌平均品位24.73%，铅储量303万吨，铅平均品位4.72%，同时伴生其他有价元素。矿体品位从近地表到深部呈分布不均的趋势。平均出矿品位变化范围可能为Zn：21%~34%；Pb：2.8%~8.0%；Pb+Zn：25%~40%。采矿优化后，月度平均品位仍可能有超过±30%的波动，年度平均品位可能有超过±15%的波动。该冶炼厂的设计规模为年处理250万吨/年原矿，年产60万吨/年锌锭、10万吨/年电铅。

该冶炼厂与矿山直线距离约300千米，实际运行距离约500千米，矿山年工作150天，原矿经磨矿浆化后通过矿浆管道送至冶炼区，冶炼330工作日。

根据火烧云铅锌氧化矿原料的特点，选择工艺原则为兼顾主金属回收与其他有价金属综合回收，弃渣无害化、资源化综合利用，经济效益和环境效益好，能耗低，符合铅锌规范条件和国家各项相关法律法规；工艺比选后，选用4台$\phi6.2$米×85米回转窑用于原矿挥发，一套氧化锌浸出系统、一套净液系统、两个锌电解车间和一个锌熔铸车间；铅冶炼系统处理浸出后的硫酸铅渣，采用中国恩菲开发的富氧侧吹浸没燃烧熔炼工艺，建设一条侧吹熔化＋侧吹还原的粗铅生产线，铅电解使用目前最为先进的大极板电解工艺。

新疆火烧云项目也有不利条件，毕竟地处边疆人烟稀少地区，引进高素质技术人才成本比内地要高，培训当地工人的操作水平需要漫长的过程；生产设备维护比内地不便，很难预料某个生产环节会有意外故障，远距离求援，或许会耽误生产，所以即便出些意外，也很自然，国内许多老牌大企业也有老马失蹄的时候，需要共同进步。

新疆火烧云项目不仅得到同行业的广泛关注，而且也得到了国际上的关注。该项目资源是迄今为止发现的最大的矿产储量，足够开采若干年，所以选择一期建设60万吨/年锌，并回收副产品铅10万吨/年的生产规模是合适的选择；独特的资源、规模化生产，再加上工艺选择合理，生产管理如不出意外，经济效益肯定较好。到目前为止，尚未发现有计划一次性建60万吨/年锌冶炼厂，分批次建成规模超过60万吨/年的有不少，甚至国内也没有单建锌冶炼厂规模超过60万吨/年的。

对于锌冶炼行业来说，希望新疆火烧云项目能成为行业的标杆企业、龙头企业。但考量是否成为行业标杆，还是由很多因素决定，规模当然很重要，其他方面影响因素也是变量，特别是经济效益，以及各项指标等都具有可比性，是同行信服的决定因素。

另外，新疆火烧云项目的自然条件赐予了非常有利的先决条件，假如企业生产运行成本高、管理较差、指标不好，找借口理由都很牵强。所以期待新疆火烧云项目在良好的环境条件下，创造优异成效，成为标杆企业。新疆火烧云项目对提升我国锌冶炼规模、建设标准，以及示范作用都有较大的影响，而且也冲击锌冶炼行业的原有秩序和市场；国际上对中国锌冶炼的快速发展非常警觉，新疆火烧云项目的开工建设，自然会引起国际的格外关注。

锌冶炼企业新上项目的特点

李幼玲：目前，锌冶炼行业正在建设和准备新上的项目多吗？所上项目的特点是什么？

李若贵：国内外经济形势向好时，锌市场呈现火爆趋势，锌价也较可观，设计院所接项目应接不暇。随着国内外经济趋缓，锌市场自然疲软，原来计划建设或改扩建的项目，工程建设进度都放缓，尚未开工建设的处于暂停缓建状态。

受投融资影响，个别项目冲击比较严重，比如唐山腾龙再生科技有限公司二次资源利用项目，本来项目优良，避开矿锌冶炼原料紧张问题，以钢烟灰瓦斯泥作为原料，解决遍地小规模处理钢烟灰环保污染问题，预计项目效益可观。但遗憾的是资金短缺，导致项目停建。

国内锌冶炼实际产能已经达到 700 万吨/年规模，2024 年，预计在 700 万吨/年基础上突破更高产能。如果市场没有特别需求，估计维持高位生产；短期内新建项目暂缓，尚未开工建设项目会处于观望状态，已经开建的锌冶炼企业会继续施工。

未来，锌冶炼企业会以改扩建项目、更新换代为主。2023 年至 2024 年，由于国内产能空前扩张，市场需要一个消化的过程。另外，疫情过后，国外市场值得关注，只有保存实力，向外部市场拓发展，机会面前，必能瓜分一席之地。

李幼玲：近年来，智能化在锌冶炼行业的推广力度怎么样？

李若贵：根据国家对有色金属行业两化融合管理体系贯标要求，在有色行业领导的重视下，锌冶炼厂纷纷行动，针对有色冶金行业的特点，充分借鉴行业最佳实践经验，应用工业物联网、大数据、AI（人工智能）、5G、BIM、VR、智慧屏等前沿技术，通过感知、监测、控制、整合、协同等方式，使各工序信息与实体连接紧密，推进"两化"深度融合，实现工厂的基础数字化、过程自动化、管理可视化、分析多端化。通过管理创新、组织变革、流程再造、信息共享，实现扁平化管理、大规模集控、无边界协同、大数据决策，从而构建国内成本低、技术优、效率高的绿色智能工厂。

目前，尽管锌冶炼厂已普遍实现机械化运行，但在整个锌冶炼系统推广智能化还有很长的路要走。比如，受基础数据采集困难的制约，焙烧的原料成分无法在线快速分析，浸出工艺段酸浓度高、温度高等部分反应数据无法在线检测，再加上受原料成分多变等制约，全系统智能化存在一定难度。

但我们可以采取从简到繁、从单一厂房到整个冶炼厂，逐步提高自动化和智能化水平。比如，锌冶炼熔铸工艺成熟，过程变化因素不多，基本可实现自动化运作；电解车间拍平机、自动吊车、自动剥锌机等使用智能装备，有效地提高了工作效率，改善了工作环境；渣过滤工段对压滤机技术的升级，使料、气、水均可实现自动控制，废水可循环利用，自动化水平显著升高；粉煤制备工段，通过对烟气水分含量进行控制，对热空气循环利用，辅以烟气在线检测手段，可实现节能降耗及无人值守。由此，焙烧及浸出工序都在不断推进开发。

行业企业如株冶集团，长期以来，在工艺技术方面走在锌冶炼行业前列，起到了引领标杆的作用，围绕锌冶炼生产核心业务，利用自身积累的生产制造、设备管理和经营管理知识，基于数据传感监测、信息交互集成及自适应控制等关键技术，进行"数字化企业大脑"建设，打造该公司智能工厂2.0升级版，推动数智化转型，激活株冶内部大量沉睡数据，让数据反哺业务，赋能企业高质量发展，形成"以智能生产为核心""以运行维护作保障""以智慧管理促经营"的生产智能化模式。

两化融合是信息化和工业化高层次深度结合，以信息化带动工业化、以工业化促进信息化，走新型工业化道路；两化融合管理体系是由工业和信息化部颁布标准，以ISO质量管理体系标准为基础，是推动两化深度融合的标准化体系。为了迎头赶上信息化时代，国内大型锌冶炼企业不同程度地开展数据管理、DCS系统、MES系统、生产及安全动态管控、现场运行视频等初步阶段管理工作，为不久的将来实现智能化夯实了基础。

通过智能化顶层建设，实现基础数字化、过程自动化、管理可视化、分析多端化等，为打造国内管理精、效益优、技术强的数字精益智能工厂而努力，锌冶炼行业必将迎来崭新的数字化、智能化新时代。

我们有幸参与了我国铅锌工业从小到大的飞速发展，希望不辱使命，把我国铅锌工业实现从大到强的跨越发展；我国铅锌冶炼行业不但要注重产量和规模，而且也应在工艺技术、装备水平上为世界铅锌冶炼行业作出表率，只要共同努力，铅锌冶炼行业终究会迎来明媚的曙光。

矿 山 篇

绿色开采与智能开采将并驾齐驱

郭利杰

题记：2024 年 3 月 18 日，就矿山绿色开采与智能开采方面，邀约矿冶科技集团有限公司矿山工程研究所副所长郭利杰谈谈最新观点。

就金属矿山而言，绿色智能开采是新时代矿山高质量发展的必然要求。未来 5~10 年，绿色开采与智能开采将并驾齐驱。绿色开采是实现矿山企业高质量发展的本质要求，智能开采是实现矿山企业可持续安全发展的根本保证。两者相辅相成，智能开采促进绿色开采更好发展，应用智能技术升级绿色环保工艺系统，才能促进矿山生产过程的安全、高效率与高效益，从而可以实现向智能要效率、向绿色要效益。这个效益包括经济效益与生态效益，最终从根本上实现"绿水青山就是金山银山"。

关于绿色开采技术方面，近年来，最值得关注和推广应用的就是考虑全生命周期生态效益的金属矿尾矿膏体充填开采技术。该技术是实现矿业绿色低碳开发的重要途径，不仅可以实现矿产资源最大限度的回采，而且可以实现矿业固废的生态环保处置。矿山企业要从矿产资源全生命周期开发利用和生态环境效益两方面统筹考虑，科学评估矿山充填开采全过程的成本与非充填开采模式的资源回收率以及矿山生态治理成本。建议国家应鼓励矿山使用绿色低碳充填新技术、新材料与新装备，譬如使用矿渣胶凝材料替代水泥、使用金属构件装配式充填挡墙替代混凝土挡墙、通过采场充填体力学研究合理降低胶结充填的胶凝材料消耗量等，从而支撑矿业开发向绿色低碳新模式转型。

关于智能开采技术方面，5G＋云＋AI等新技术是助推矿山行业数字化、智能化转型升级的关键驱动。有色金属矿山开采以地下开采为主，传统金属矿开采工艺存在连续性较低、自动化程度较低、采矿作业周期长、劳动较为密集、作业环境安全性差等问题，矿山行业数字化转型、智能化开采是解决上述问题的关键一招，利用大数据驱动进行矿山开采全过程智能规划，打通各工艺系统数据融合管道，消除信息孤岛，建立以工艺环节问题为导向、智能作业为重点的数据中心与智能开采系统，实现矿山数字化与智能化开采本质转型，支撑矿业智能化可持续高效发展。

总之，科技创新是推动矿山行业快速转型发展的重要途径，矿山生产作业工艺智能化与技术标准化是促进安全高效生产的关键。目前，我国金属矿山领域技术标准较少，与矿业发达国家相比还有很大差距，以标准化引导矿山企业调整工艺生产模式与产业结构，推动矿山企业向高质量发展转变，达到质量变革、效率变革、动力变革，并对标国际先进标准进行技术标准化创新，从而加速科技成果向现实生产力转化，提升矿山行业的产业链高质量发展水平。

智能矿山推进遭遇"肠梗阻"

曾鑫波

题记：2024年3月1日，我就矿山企业如何推进安全、绿色、低碳、创新、融合的现代化矿山建设话题，约曾鑫波写了一篇《智能矿山推进遭遇"肠梗阻"》的文章。

矿业的高质量发展要求我们必须大力推进安全、绿色、低碳、创新、融合的现代化矿山建设。智能矿山建设是矿业高质量发展的必由之路，加强矿山装备智能化是建设智慧矿山的关键环节。推进智能矿山建设，能大力推进本质安全生产能力建设，最大限度地提升安全生产水平，使矿业不再成为危险行业，使矿工成为体面的职业。然而，近年来，智能矿山建设却遭遇了"肠梗阻"。

智能矿山建设主要存在以下几个方面的问题：

一是缺技术。智能矿山，就是将智能化技术融入矿山领域的创新实践。通过大数据、物联网、云计算等前沿科技，智能矿山实现了对矿山环境的全面感知和智能决策。它不仅能提高矿山生产的安全性和效率，还注重环保，可实现矿山的自主运行，成为未来矿业发展的重要趋势。

但是，目前，我国智能矿山建设缺乏顶层设计和规划，缺乏相关标准的指导和约束，导致了系统制造商的无序竞争，从而使矿山信息化建设的互联互通性较差。另外，由于大多数系统的相融性比较差，导致一些基础数据无法统一到一个大平台。比如，湖南柿竹园有色金属有限责任公司内部之前开发了磨矿电耳、自动给药、尾矿库在线监测、遥控智能产车、井下定位跟踪系统以及财务 SPA 系统等信息化与工业局部融合的工作。但是，智能矿山建设的总平台是 3DMine 平台。这就面临一些问题。首先，如何将局部终端整合到这个总指挥中心平台。之前由于软件的相融性不好、匹配度不高，导致一些数据无法整合。其次，如果让企业推倒重来，将之前的局部信息化就要从新投入新设备、新软件进行建设。这对一个企业来说投资成本太大，将导致许多矿山企业搁浅智能矿山建设。再次，即使数据整合到位了，如何实现数据的智能化分析也是一个问题。由于缺乏有效的数据分析和挖掘工具，无法发现数据中存在的关系和规则，无法根据现有的数据预测矿山的发展趋势，从而导致"数据爆炸但有用信息缺乏"的现象。

在智能矿山的运行中，未能减少一线工作人员，管理人员除了完成跟以前同样内容的工作，还得多次向系统平台录入数据、填报很多报表，并进行人工调整，反而增加了工作量。现阶段的智能矿山基本停留在"形象工程"上，信息化建设处于"战术层"。

因此，智能矿山建设还需要在技术层面破题。

二是缺技工。大多数矿山企业矿工的文化素质不高，而智能化矿山推进过程中，对矿业一线技工提出了更高要求，矿业人才显得捉襟见肘。因为大部分矿工连打字都不会，而且之前的工作使用电脑频率很低，现在需要将终端数据整理、上传，这对于他们来说很难。比如，目前推行的安全信息化工程，需要每一位一线员工在安全巡检中，使用电脑将隐患点上传平台，很多一线工人不会电脑操作，使项目推行起来困难重重。目前，中钨高新旗下的矿山企业，在精益生产实施过程中强调 OPL 点滴教育，开展"师带徒"活动，对一线操作工实行点对点的技能培训，收到了一些成效，但一线产业工人的整体素质离智能矿山的要求仍有较大差距。所以一线技工的培训还需要进一步强化。

智能矿山，一种颠覆传统矿业模式的革命性力量，正引领着矿业行业走向智能化、高效化、绿色化的未来。希望智能矿山推进遭遇"肠梗阻"问题得到社会的广泛关注，并积极加以解决。

普通人安身立命的根本

李永新，现任中铝矿业有限公司郑州分公司党总支副书记、工会主席。2006年，他还在中铝矿业有限公司氧化铝厂车间一线工作时，我们经常在QQ上交流互动。当时，我在《中国有色金属报》技术装备版面做编辑，为了丰富稿源、活跃版面，也为了让像李永新一样热爱写稿的基层通讯员拓宽视野，摆脱只写企业消息稿等方面的禁锢，我经常会给一些通讯员布置题目、限期约稿。

我先说说当时的约稿方式，主要是我想话题，基层通讯员以不同的视角写内容。有时候，我还让他们就一个小话题每人写700字、800字或1000字，并让8个通讯员同时来写稿。于是，我的QQ就忙碌起来，窗口不停闪呀闪的。

当通讯员们的稿子发过来后，我开始看稿、改稿、排版，有时跨版内容像过年一样喜庆热闹，偶尔配上一张个人照片，通讯员高兴，我也高兴，幸福感那叫一个爆棚。

就这样，我每次布置一个题目约他们写，并交待什么时间交稿，很多时候，好几个通讯员都会第一时间完成写稿任务。慢慢地，高质量、高标准的稿件不断涌现，我也在不停地审稿、交流过程中学到了很多。

当这些记忆清晰于眼前时,李永新早已不是曾经那个青涩的通讯员。他已经从担任中国长城铝业公司氧化铝厂钳工、秘书、宣传干事等领域脱颖而出,十几年间历练了五个跨度不小的岗位。

今天,除了QQ的交流,微信交流更为方便,我突然想问李永新一些问题,想让他分享一下当年的感受。

李幼玲:李书记,您好!还记得您从事通讯员时,我常给你们出些话题写文章的那段时光吗?现在想想有什么感受?

李永新:李老师,您好!这些写作投稿的往事虽然过去很多年了,但依然历历在目、记忆犹新。我先梳理一下,马上发给您。

感受一:当您布置任务的时候,特别是针对具体的方向时,我首先会深入思考这个话题的现实和深远意义,也就是为什么要在这个时候出这个命题?话题的真正目的和意义究竟在哪里?而通讯员接到这个话题后,如果想写准写深这个话题,就要全面搜集和梳理有关这个话题的行业现状、问题和发展趋势等,背后需要做大量工作、做深入思考。

感受二:如何组织稿子开头,以及准确概括文章主题等,确实是一个不断提高自己的过程。特别是稿子写完之后,对所写的方面乃至行业、领域等,都会有更为深入和清晰地认识。而在此之前,是存在片面性、局部性的认识和思考的。现在回想起来,当时那些文章大都是熬几个夜晚才完成的,不得不说有压力才会有动力。另外最重要的是,从那时开始,自己也慢慢从被动写作到主动给自己出题写稿,最后发现一定意义上拉大了与同时期身边通讯员的差距,产生了较为明显的提高成效。非常感谢那段时间的煎熬和历练。

李幼玲:那时候,您写了不少稿子,写得又快又好,不嫌累吗?

李永新:总体的感受是累并快乐着。当时自己的内心认知是,要想增长才干，就要多去历练自己，必须耐得住寂寞，默默耕耘。特别是在爬格子这件事上，更需要这样。现在快二十年过去了，当时那些报纸我都还留着，时不时就会去翻阅回忆一下曾经爬格子的那些日子。

李幼玲：真的吗？有时间拍几张给我看看，那时候的报纸我都没有了。

李永新：20年多前的报纸我都保存着，并且整理成了一个小集子。

李幼玲：为什么把这些报纸都留下来？仅仅是回忆吗？

李永新：一是可以真实记录一下自己成长的足迹，二是还能时不时骄傲一下，激励一下自己，为自己加油、鼓劲。

李幼玲：能不能对喜欢写稿的通讯员说点什么？

李永新：最想说的就是要坚持不断学习，善于去思考分析，耐得住清贫寂寞，甘于吃苦耐劳，勤于工作，一定要走出自己的舒适区。我经常跟身边的同事交流，年轻时不妨贫穷一点，但人必须要有真本事，不可替代，不被超越，才是咱们普通人安身立命的根本。而写作能锻炼人的很多能力，比如总结提炼能力、逻辑思维能力、团结协作能力、实践学习能力、格局提升能力等，特别是当辛勤劳动、深入思考的文字出炉时，它有一种特别的力量，温暖内心。

第二天，我收到了李永新通过拍照发来的当年那些熟悉又陌生的文章图片：《浅析我国有色金属装备发展的特点和趋势》《GPL型立式过滤机在氧化铝生产中的应用》《当前我国氧化铝工业的重大科技成果及发展思路》《自主创新，我们还缺什么》等。而这些文章多是我出标题，让他展开来论述的大篇幅文章。

目睹着一期又一期的科技装备版面，久违的画面，有点"想当年，风华正茂，书生意气"的亲切感，曾经出过这么多题目，自己也小小自豪了一小会儿。

实际上，那些曾经编过的文章早已记不得了，但当我看到标题时，记得当时和李永新讨论过，氧化铝生产线会用什么装备进行生产？他说了几个设备的名字，我说就写 GPL 型立式过滤机的应用吧，他说好，并说："我一会儿去生产现场采访一些一线员工，听他们说说 GPL 型立式过滤机有哪些作用和优势，我再查一下资料，争取把文章写得有看点。"

　　看到他发来的曾经出炉的文章，我知道这些文字都是李永新白天深入一线现场、夜晚寂静中辛苦爬格子完成的。而他说的最多的是，保持积极性，接受一个又一个采写话题的挑战，历练自己，迎难而上，生活终将信心满满、成就足足。

矿区采治同步协调发展意义深远

自从李永新担任中铝矿业有限公司郑州分公司党总支副书记、工会主席后，我就矿山企业存在哪些制约生态发展脚步因素采访了李永新。

他表示，对于矿山企业来说，明确修复后的土地属性、盘活矿山土地资源、鼓励废弃矿山土地资源循环再利用是多元化发展的方向，对恢复治理后的土地进行林地、耕地等协调发展，意义深远。

李永新也谈到了当下矿山企业存在一些亟待解决的问题。比如，过去矿山企业发展的老路是重开采、不重修复治理，资源采完后，留下安全和生态隐患，增加了后期修复难度等。他提出了当下企业面临的实际困难问题，并给出建设性意见。

问题一：在废弃矿坑治理过程中，企业按照各级政府政策要求，积极上交土地复垦和环境恢复治理基金，但企业按照治理方案完成治理及复垦后，在项目验收和基金返还过程中，不同地区之间存在标准和政策不统一的问题，影响矿山企业复垦和治理的积极性，一定程度上制约了复垦治理进程及成效。

建议政府主管部门加强实地调研，从利于工作推进的大局出发，协调解决治理验收标准差别大、基金返还不及时的问题。

问题二：矿山企业在矿区土地征收使用以及村民宅基地搬迁赔偿方面，缺乏相应政策标准，有些土地及建筑物所有方漫天要价，一方面造成矿山企业生产成本急剧上升；另一方面矿区无法按既定设计方案规范开采，最终导致矿山出现无序开采和乱象丛生的局面。

建议有关政府部门根据各地区实际情况，制订相应政策性补偿标准，同时加强对政策落地的配套监管，为矿山企业营造良好的营商环境。

问题三：在现有条件下，有些现行或将要施行的矿山要求标准，对于大部分矿山企业来说很难达到或实现。比如，在地下开采领域，要求标准是向智能化矿山发展，将来以实施无人化开采为目标；在露天矿山开采领域，要求全面淘汰燃油车辆，推行新能源设备等。这些标准超出了目前大多数矿山企业的实际承受能力，难以真正全面落地实施。在这种情况下，企业往往存在打"擦边球"现象，上面监督检查，企业停工停产；不检查或监督不到时，企业偷着生产，造成了普遍性违规生产的局面。

建议相关部门结合当前社会经济发展和矿山企业实际情况，制定切合实际的递进型、差异化标准规范，减少一定范围的层差，让标准真正能够落地为行业发展服务。

问题四：在土地复垦治理方面，企业花费了很大的人力、物力、财力进行恢复治理，但治理之后，在土地没有交还政府之前，经常出现地方企业或村民无偿占用等情况，造成企业面临土地资源管理和规划难题。

企业呼吁，相关政府部门出台协同配套政策，对复垦治理后的土地进行有效监管指导，加大土地资源后期管控力度，最大效益化统筹开发利用和管理土地资源，保障矿区土地能够发挥最大作用。

问题五：矿山企业从过去的"重采矿"到"采治同步"、协调发展，不仅仅是一种生产模式的转变，还会带来人力资源的深刻变革。过去那种随用随招、用完即走的临时性用工方式，需要转变为相对长期固定的、不断提升认识和技能，能与企业发展同成长共命运的新型合作、协作式关系，这样的优势是团队人员熟悉矿区情况、安全保障度高、再培训成本低、自主管理意识强、对企业有更深厚感情，这些都十分有利于矿山企业的长期、有序、和谐发展。

自动化减人是大势所趋

2023年11月我去青海出差,在金诚信锡铁山项目部认识了翟武弟。翟武弟籍贯甘肃,见到他的第一印象是他人很随和,话语不多,也许是因为我们都是西北人的缘故,从他偶尔流露出来的熟悉口音,拉近了西北人之间的距离。

采访翟武弟时,他很认真,一边思考一边回答一个又一个问题,条理清晰。

我说:"翟经理,您是有色矿山行业的技术专家,从事有色行业这些年来,您对行业提一些建设性意见吧!"

他想了一会,不紧不慢地说,目前,我国矿山行业出现一些工程技术人员和工人都面临青黄不接的现象,作为企业要培养自己矿山的产业工人是当务之急,要从源头上优化设计,机械化程度高了、劳动强度低了就能招到人;要实施校企联合,选一些机械化程度较高、管理规范的企业,让在校学生早点去参观、实习,让他们认识真实的矿山,克服多数学生对矿山的偏见和恐惧心理,再通过分析大学生就业现状及不同行业收入的对比,使他们认识到在矿山行业因为专业技术人员相对缺乏,相比其他行业能获得更大的个人发展空间,进而也会比其他普通行业容易获得更高的收入,让学生在校期间安心学习,毕业后提高行业内的就业率;矿山企业对刚毕业的学生要做好职业规划和师带徒"传帮带"工作，刚毕业的学生对未来有相对清晰的成长规划，且能看到自己有较好的发展空间，自然能降低流失率。

我又问："翟经理，您对矿山技术这块怎么看？"

他言简意赅地解释：就井下铅锌矿开采技术而言，前些年，工艺落后、机械化开采程度低，资源就得不到有效利用，要实现机械化施工，并不是买大型设备就解决了问题，而是要通过改进回采工艺并将其与铲装设备遥控技术相结合，在提高矿石回收率的同时降低劳动强度，进一步降低安全风险。另外，机械化换人、自动化减人是大势所趋，目前在危险的、重复的、肮脏的、重体力领域工作范围，要逐步实现用机械来替代，但还有好多工作要做。

矿山人很淳朴，翟武弟也不例外，好像和谁都能打成一片。我们一起吃饭时，同事说翟经理不仅采矿技术水平高，民歌也唱得别具一格。于是，在大伙儿的执意要求下，翟经理清清嗓子，大大方方地唱了《达坂城的姑娘》《我们新疆好地方》，落落大方的翟经理唱着民歌，声音浑厚。此时，遥远的矿山，一首歌打破了沉寂，大家很快熟识起来。

自从认识了翟武弟，就规模化发展等问题，我在微信上采访了他。

智能发展不能一哄而上"摊大饼"

李幼玲：翟经理，您好！您怎么看待当下企业规模化求发展？您想对小企业说点什么？

翟武弟：对于企业来说，规模化经营，是想提高在行业内的占比，同时提高生产效率，降低生产成本，实现双赢。但企业一定不能盲目扩张，一旦管理跟不上，导致大而不强，最终形成"虚胖"的大企业病。

对于小企业来说，要多创新，增加产品技术含量，产品要有前瞻性，提高自己的不可替代性，这样才有利于生存和发展。

李幼玲：大企业不愿干的领域，比如回收多价金属，小企业去做精做细，这是一种选择吗？

翟武弟：也是夹缝中的生存之道。

李幼玲：办企业的目的是什么？

翟武弟：办企业的目的是获得长久、稳定的利润，实现更大的社会价值。企业与企业之间最值得借鉴的是别具一格的管理创新、技术创新和获利模式，以及行业的前沿导向。

李幼玲：不论是矿山企业还是冶炼企业，最关心的是什么？

翟武弟：关心的是如何降低成本、提高产能、增加利润。所有矿山上游企业都希望得到优质矿产资源，但在国内已很难实现，走出去有可能实现，但多数矿山企业因缺乏经验而没有自信。

多数国企在国内搞兼并，对国家总产能提升意义不大。走出去受体制影响，缺乏内驱动力，一般民企想走出去又缺少信息和平台作支撑。如果从国家层面上看，比如，在一些矿产资源丰富、营商环境相对较好的国家，成立类似于"贸促会"功能，其中构成人员对矿产资源行业相对专业，对所在国法律政策专门进行研究，能给拟走出去的企业提供资源信息、法律政策和相关咨询服务，实现政府搭台、企业唱戏的发展模式，这样既能促使国内企业走出去，也能规避因经验不足而盲目向外发展造成的一些风险。

李幼玲：您怎么看矿山智能化发展？

翟武弟：关于矿山智能化发展问题，不可一哄而上，实施"摊大饼"式全面铺开，这样容易造成对技术消化不良、推进不畅的现象，造成矿山一线人员的抵制情绪，给人留下为了智能化而智能化的印象，不能真正达到开展智能化的目的。

主要因素是为企业智能化提供技术支持的人员基本上都是非矿山行业人员，对矿山生产、安全系统及其他系统并不专业，而矿山企业对接人员对智能化的核心技术受专业限制也不专业。如果"摊大饼"式去开发、去推广，容易造成开发、推广的项目缺乏实效性。

对智能化应根据矿山的特点和存在的问题要有针对性地开展，比如，对在技术上已经很成熟且共性的项目可普遍推广，其他小众项目可根据矿山实际情况试行，不可盲目推广。

另外，开发的重点要放在有利于提高矿山本质化安全水平、有利于提高矿山效率及经济效益的项目。对于能完全实现流水线生产的选矿厂、冶炼厂另当别论。

当前存在的问题是，一些企业盲目推行智能化，花费企业资金较大，实效性却很差，打消了一些企业的积极性。

解决的办法是，引导后进企业多参观先进企业，多看先进企业的成功之道，在学习中创造性地去开展工作。

李幼玲：像新疆火烧云铅锌矿项目落地后，是不是就能体现真正的智能化工厂？

翟武弟：新疆火烧云铅锌矿埋藏浅、储量大，适合露天开采，容易上规模，且埋藏浅、规模大的露天矿既有利于使用大型化设备，也更有利于自动化、智能化的实施开展；火烧云铅锌矿海拔高，招人困难，要少用人必须走自动化、智能化的路子，对一些主要设施、设备实施远程控制也是大势所趋。

快速缩小人才断层

李幼玲：在人才建设方面，您能给予一些建议吗？

翟武弟：在人才建设方面，通过多年在行业工作，提几点看法，个人看法，仅供参考。

一是人才建设要从人才培养说起。现在一些企业在技术革新及相关行业发展方面已走到高校前面，大学培养人才方面与企业互动太少，甚至形成"闭门造人"的态势，导致培养的学生对社会、对所学专业、对行业认识不到位，培养大学生的过程与企业、社会脱节，导致学而不用（直接改行）或学非所用（与企业需求脱节）的结果，这种现象亟须改变。另外，企业的人才需求信息也应主动与大学对接，利用寒暑假开展一些与企业对接的见习活动，可大大提高大学生的学习效果，为企业培养一些更实用的人才，这样可以实现校企双赢。

二是矿山企业的现状是："60后"面临退休；"70后"较少；"80后"稀少；"90后"和"00后"不屑一顾。在这种现状面前，企业、院校要主动进行一些正面宣传，尤其从人才市场或各类院校引导一些适合矿山就业的人员考察企业，打消偏见。一些有规模的企业应建立常态化培养机制。

三是各矿山企业在通过机械化换人、自动化减人的同时，创新绩效激励机制，充分体现多劳多得、技术优先的原则，让从事矿山行业的人员通过多劳提高收入，通过创新提效、创效实现管理和技术人员的价值。

四是为解决人员青黄不接的问题，在充分开展好老带青"传帮带"工作的同时，企业内部应在平时主动招聘，适度储备人员，对好的管理、技术人才苗子通过挂职锻炼及加大轮岗力度等手段加快青年人才的培养，快速缩小人才断层。

五是相关媒体应对矿山企业多些正面的报道，逐渐改变整个社会对矿山企业的偏见。

由于早些年一些矿山企业技术落后、管理不善，导致事故频发。最近十年来，随着新技术、新设备的应用及管理改进创新，现有矿山本质化安全水平已今非昔比。但人们对矿山企业的认知仍停留在过去，不管大学生还是其他适龄择业者，只要有更好的出路，一般都不会去矿山工作，这导致新建或相对偏远的矿山企业从技术人员到技能较高的工人都相对缺乏。如果相关媒体能对矿山企业多些正面的报道，情况能逐步改善。

六是对人才的培养还应与时俱进，培养与新质生产力相适应、相匹配的管理技术人员和技术工人。这就需要矿山企业着眼于社会发展大趋势、百年未有之大变局，顺应潮流主动求变，尤其相对落后的企业，应主动对标国内外先进企业，寻求技术突破。在生产正常时期应主动派相关管理、技术人员外出考察先进企业，寻找差距；在学习、继承、改变、创新的过程中，各类人才会随着企业的改变进一步成长。

最大化实现自有矿山的安全保障

罗雪兰

钨矿石主要包括黑钨矿和白钨矿，属于战略资源。我国钨行业现状呈现"两头高、中间低"的特点，上游钨矿采选和下游高端硬质合金利润水平高，而冶炼、制粉利润率水平较低。随着高质量发展脚步的不断向前迈进，改变现状，打造钨冶炼技术绿色智能发展势在必行。

自2021年以来，钨精矿市场价格不断上涨，至2023年，钨精矿和APT市场价格突破市场新高，2023年5月，白钨精矿价格为11.94万元/吨左右，黑钨精矿价格突破12万元/吨，APT市场价格突破18万元/吨的关口。即使突破了18万元/吨关口后，市场出现有价无市的行情，但钨精矿价格仍然保持坚挺趋势。

作为生产企业，面对市场行情，加大技术创新力度，在革新钨冶炼技术方面要下大力气作文章，提高钨冶炼分离技术，提高资源综合回收能力，将资源"吃干榨尽"；同时要提升溢价能力，加大产业链条生产环节，实现效益最大化。

目前，在钨冶炼行业，拥有矿山的企业，如何最大化实现安全保障，是企业最为关注的发展方向。以中色平桂为例，该公司有一座钨矿山——珊瑚矿，是中国最大的单体钨矿山，已探明保有钨锡金属储量 21 万吨，黑钨储量在全国单个矿山中排名第一，是我国质量好的黑钨精矿生产基地之一。该矿以锡、钨为主，有高岭土、砂锡矿和原生矿，砂锡矿为残坡积矿床，原生矿为钨锡石英脉与含钨角砾岩矿床，其中，长营岭钨锡石英脉矿床为大中型规模，脉锡矿储量和脉钨矿储量都很丰富。

针对我国企业自有矿山的发展实际来看，目前，矿山安全存在的主要问题包括组织机构不健全、安全人员配备不充足、制度和责任体系建设不完善；部分矿山存在重生产效益、轻安全的思想倾向；安全管理人员、岗位职工能力素质培养不到位；在现场安全上，作业环境存在不安全因素，作业人员的不安全行为没有得到有效遏制；管理上，制度未能有效实施运行。

面对众多问题，为了解决现有难题，不仅要发挥"本质安全、科技兴安"的理念，还要将"绿色安全指挥棒"用到实处。要牢固树立安全发展理念，建立健全体制机制，压实安全责任，配齐配优安全管理人员，不断完善安全生产责任清单和履职情况检查清单，强化监督考核问责；要创新安全教育培训，提升员工安全意识和技能，加强管理人员履职能力培养；强化源头安全管理的管控力度，严格"打非治违"，固化管理手段，深化专项治理，加强外包作业安全管理；提升本质安全水平，积极开展智能化矿山建设，推进井下机械化设备应用，加快智能化矿山应用人才培养，积极推动安全信息化建设。

记者生涯小花絮

第一次跑两会

在中国有色金属报社工作时，我跑过3年两会，主要是采访政协委员，时间是2009年、2013年、2014年。第一年跑两会，怎么跑？怎么采访？没有经验，形容一下当时的心情：好奇、胆怯、向往。

好奇委员们会带来什么提案，胆怯不知道问哪些问题，又向往那个没有经历过的时刻。

首先补习了政协叫委员，带来的叫提案；人大叫代表，带来的叫议案等知识。

当时记不住，一会儿工夫，又在想他们带来的是提案还是议案，生怕提问时混淆了。

每年的两会在阳春三月拉开帷幕，北京的3月，偶尔料峭春寒，北风呼啸。

每年跑会的记者来自全国各地媒体单位，人数加起来3000多名，队伍庞大。特别是开幕式当天，人民大会堂广场成百上千的记者手握相机、手机，架着"长枪短炮"，盼望着委员团的大巴车徐徐开来。

当委员们下车，迈着矫健的步伐向人民大会堂走来时，几十个记者一阵风功夫就把一个又一个委员围了一圈，不知道是哪家媒体记者第一个向委员发问，今年带来了什么提案以及关心的问题，委员热情地回应着,大家将手机、录音笔举过头顶,里三层、外三层地跟随委员的脚步向前"挪动"。

那样的阵容,以前只在电视屏幕上见过,那是跑会人最为激动的时刻,不到参会现场,感受不到这样的氛围。

于是,我学着有过跑会经验记者的样子,打开录音笔,把录音笔举到人群里,边观察,边来回地跑向不同的委员,去体会新闻的敏感,学习他们大胆热烈地向委员提问。

除了感受氛围,那一刻,3月的北京像一股暖流,让人渴望,让人热爱。我们努力寻找着自己行业的委员,很多时候,在熙熙攘攘的人群中,我并没找到我们行业的委员,而开幕式前的这些片段、这些花絮深深地印在了记忆中。那些朝气蓬勃前来报道会议的记者影响着我,他们当年展现出来的生动细节鼓励着我。后来,在岁月流淌中,我慢慢明白,经历很重要。不论是去冶炼厂采访,还是去矿山采访,一些细节需要边看边听边观察,它藏在不经意的话语间。

当时,作为特约记者,我们每个人都有自己的采访对象和主题,要在会议期间第一时间进行采访,对委员属于哪个团,住哪个宾馆,哪天有讨论会,需要了解得一清二楚。

所以,那几天,我们多是在讨论团会场门口等待着委员抽出时间接受采访。

坐在宾馆大厅椅子上的各路媒体记者,胸前挂着自己大头像的特约记者证,眼里满满的期待;那些年轻的面庞没有倦怠,女孩们将自己打扮得干干净净,男孩们把自己收拾得清清爽爽。

在会议室门口,有的记者已经约到了委员正在进行采访,这样的镜头和情景,让自己心头的那份胆怯渐渐云开雾散,多了一份信心。

于是,给委员发消息,告诉委员自己是哪个报社的记者,请问委员什么时候能抽出宝贵的时间接受采访。那些天,约采访、进行采访,每天在朝霞中赶路、于落日中前行。采访中,即使有些问题显得生硬,心里仍是欢喜,因为今天又完成了一项重要的工作内容。

为了赶稿,回到办公室,听着录音,敲着键盘,哒哒声中迎来夜幕的降临。

有一天,我正在赶稿件,接到远方朋友的电话。他们在聚会,说某某同学来了,还有某某同学也赶到了,并说有时间来湖南走走吧,我们都很想你,我回复着好好好。

那天,离开办公室时,月亮如水一般地斜挂在空中,晚风吹拂,夜灯拉长了我的身影,我爱长安街灯火辉煌的街头。那天,我忘记了晚餐吃了汉堡还是永和豆浆,幸福的是我又赶出了一篇稿子。

当采访的文章接二连三见报后,我在QQ上收到了湖南柿竹园有色金属有限责任公司曾鑫波的文字,曾鑫波是我们报社的通讯员,我经常约她写稿,她说:"李记者,你好,咱们能通电话吗?"

接通了电话之后,我们谈到了关于矿山企业生二孩的话题,我当时还问曾鑫波为什么矿山职工想生二孩,她谈起来,因为前段时间自己做了一段女工工作,经过调查走访,矿山行业的一些独特性值得社会关注。她举例,湖南柿竹园有色金属有限责任公司有一万多名职工,20多个家庭因独生子女问题因素影响,给家庭带来一定风险,这些家庭特别渴望国家能出台二孩政策。

曾鑫波还说了自己想生二孩的原因,她女儿8岁半时,一场车祸撞断了孩子的左脚骨头,住院医治了4个月,虽然恢复得非常好,那段时间她真正体会了内心困惑和恐惧,那时,她就想如果政策允许生两个孩子多好啊。

我当时正在跑会,听到她的心声,我想把这种美好的愿望和矿山人们的呼吁带给委员们，我告诉她："一定会把这个话题带给委员们。"

在后面的采访中，就这个话题我问了委员，委员当时表示该方面提案有委员提过，一定会对这个话题进行调研。

其实，并不仅仅是矿山行业有此想法，在众多人们的呼吁下，我们看到了这样的数据：

2013年11月12日，党的十八届三中全会审议通过的决定提出，坚持计划生育的基本国策，启动实施一方是独生子女的夫妇可生育两个孩子的政策。

2015年10月29日，党的十八届五中全会公报提出，全面实施一对夫妇可生育两个孩子政策，积极开展应对人口老龄化行动。

政策放开，允许生二孩，对于很多家庭来说可谓欢天喜地。

2016年，我给曾鑫波打电话，她高兴地说自己已经38岁了，并且已经怀孕，当时，我还祝福她，功夫不负有心人。2017年，39岁的曾鑫波生下了二孩女儿，她说政策好，自己又爱孩子，必须为家庭和国家作贡献，电话那头传来她朗朗的笑声。

从2017年到现在，又过去了7年时间，曾鑫波的二孩女儿已经7岁，聪明伶俐，快乐成长。

当我们谈到当年两会的一些呼吁时，曾鑫波说，现在有两个孩子很幸福，她还说自己做了节育手术，否则还想再生一个孩子，"精神是万能的，没有精神是万万不能的。"我又一次在电话里听到她咯咯咯的笑声。

说实话，在报社工作几十年，从约曾鑫波写稿到现在，我们不曾见过面，电话打过无数次，QQ文字交流数不胜数，我能感受到她火辣辣的湘妹子性格，她的文字和她一样豪爽、大气、优美。

我问她，有了政策之后，矿山生二孩的家庭多吗？

她说："不多，主要因素一方面是经济压力，负担两个孩子经济压力非常大。另一方面，夫妻双方在职，双方父母年岁已高，没人帮助照料孩子。目前，我们矿区只有两对夫妻生了三孩，仅有10%家庭生了二孩。"

她情真意切地说："谢谢啊！李记者。"

那些岁月温暖着我，想起曾经跑会的情景，我把三张特约记者证拿出来，岁月静好，感恩报社给予的平台，感恩同事刘京青的信任，那些春光明媚的日子，我们一起跑会，多么历练。

当下，如果让我解释一下自己对于好奇、胆怯、向往的理解，我相信，我还会一如既往地对美好事物保持好奇和热忱，至于胆怯，经历之后，才知胆怯也是一种过程。往后的日子，一路前行，让文字温柔岁月。

洋洋洒洒的美文

2024年春节之前，我跟曾鑫波说想出一本小册子，还想分享一些当年我向企业通讯员发起约稿的往事，曾鑫波马上回应，她说："李老师，我能不能写一篇心得发给您？"我说何止愿意，多想听听作为基层通讯员的心声。

最为感动的是，曾鑫波很快拍了几张我们曾经做过的专题，现在想想非常有趣。那时候，我爱给通讯员出话题，一些通讯员也很给力，积极参与，齐心协力将话题按时完成。

通过那些话题，我编辑着他们的文字，对企业有了一定了解，重要的是我们可以相互学习，共同成长。

元宵节这天，我收到了最好的礼物，曾鑫波写的洋洋洒洒的美文《领路人》呈现在眼前，一气呵成的文字像正月十五的汤圆，甜而不腻，情真意切，写出了那些年，那些事，那些令人回味无穷的故事。

虽然我知道，我仅是个约稿人，但是她回忆的往事让我如临其境，仿佛亲历了矿山的变革和发展，由衷地感叹我们有色金属行业这些年的发展变化，这也是我们有色金属行业一步步走向繁荣的真实记录。

写不完的矿山情，唱不完的矿山歌，深藏心田。

如今，担任湖南柿竹园有色金属有限责任公司铋产业发展中心工会主席的曾鑫波，通过自身的努力，她先后在企业井下、选厂担任干事、宣传部副部长、办公室副主任，通过方方面面的锻炼，以过硬的本领开始展现新的作为。

领 路 人

曾鑫波

2009年，我刚任职湖南柿竹园有色金属有限责任公司宣传部副部长时，恰逢湖南"院士专家企业行"活动暨"院士工作站"授牌仪式在公司举行。我们公司对此次活动十分重视，并要求这条新闻在《中国有色金属报》投稿发表。之前，我是该公司基层单位一名普通干事，只是在内部矿报上发表一些稿件，没有向《中国有色金属报》投过稿，对这个必须要见报的工作要求，我感到压力很大。

抱着试一试的态度，我参与了活动全过程，当天就写出了新闻稿《湖南首家院士工作站落户柿竹园公司》，并投到了《中国有色金属报》的电子邮箱里，我多么希望自己辛苦熬夜写成的稿件能得到编辑老师的认可，希望自己的文章变成铅字见诸报端。

没想到第二天报社版面主编李幼玲老师就打电话与我联系，并仔细询问了我们公司的一些实际情况，我把李幼玲老师的电话号码、QQ号记下来。从此，她成为我的良师益友。

在艰难困苦的创业时期，我的第一篇新闻稿很快在《中国有色金属报》发表，圆满完成了领导下达的任务，更是点燃了我心中的希望之火，坚定了采写更多新闻讴歌矿工的梦想。从此，《中国有色金属报》成了我人生航标的指路明灯，给迷茫、彷徨、不甘平庸的我一份慰藉，一束阳光。

在往后的日子里，我和李老师之间建立了一种很畅快、很默契的沟通模式，向《中国有色金属报》投稿，成了我工作之余既辛苦又愉快的事情。

2009年，正值席卷全球的金融危机，有色金属价格大幅跳水，柿竹园公司面临巨大的挑战，多措并举撬动了经济"增长极"，全年有5项指标创历史新高。当我在电话里与李老师聊起这个事，她用编辑独有的新闻敏感，向我发出了约稿。我采访了公司高层、技术部、生产部等多位领导，很快写出了《多措并举撬动经济"增长极"——柿竹园五项指标创历史新高》。

结一份报缘，续一世书香。从此我笔耕不辍，不管是调任柿竹园有色金属有限责任公司党委宣传副部长，还是担任公司办公室副主任，到基层单位担任工会主席……岗位变了，热情不减，我把创作触角深入矿山井下、选厂、冶炼厂，深入家属区，以《中国有色金属报》为阵地，用饱蘸激情的笔墨，讴歌火热的矿山，歌颂无私奉献的矿工。

采矿工作是辛苦的，但沸腾的矿山每天呈现出火热的工作场景。矿工们不怕苦、不怕累，敢教日月换新天的大无畏气概，激励着我，点燃了我的写作激情，我要讴歌矿山，要为矿工唱赞歌。从此，井下掌子面留下我辛勤的汗水，台灯下留下我笔耕的身影。下班后别人休息我就忙于学习写稿，把工作中的所见所闻，把采矿工人无私奉献的精神写成稿件，投向《中国有色金属报》和其他新闻媒体。

有一次，我去公司冶炼厂采访，恰逢反射炉堵料了，当我看到同事们自发排着长队，手持铁棍，奋力捅向投料仓时，我突然有了想写他们的冲动。当时，我正站在不远处的控制室里，目睹着那惊心动魄的场面。那一刻，我认不出他们是谁，只看见一张张被炉火映红的脸庞，他们挥舞着臂膊，流淌着汗水，全心全意、尽职尽责抢救反射炉。回到办公室，我的心情久久不能平静，我一边回想着，一边敲击着键盘。

自此之后，我更加热爱写人物通讯、事件通讯及其他新闻稿。后来的写稿岁月里，我常常能收到李老师的文字，有一次，她在QQ里给我说想做一期关于"矿山低碳"方面的专版。我不假思索地回答："我们家就是太阳能家。"此话一出，李编辑说："就以这个为题写个稿子，后天交稿。"

当时，我从矿上工人们自制的晒水桶说起，到我结婚建立新家用上太阳能热水器、太阳能冰箱、太阳能炉灶、太阳能空调等说起。《我的太阳能家》很快见诸报端，矿工兄弟们看了报纸后都说，没想到我们的"晒水桶"成为了低碳开路先锋。

到后来，关于矿山人才难引进、难留住，湘江重金属污染治理，和美矿山、工矿棚户区改造，生产经营，本质安全……我眼里的题材越来越多，而李老师还常给我们通讯员拟出很多话题让我们来写，以金牌员工为约稿（3053期）、以装备提升为约稿（3056期）、以矿工的幸福为约稿（3062期）等，还有很多约稿内容，有的是跨版，收到报纸的时候，我把报纸一一收藏，那是我一步步成长之路，从中可见李老师用心良苦。

高山流水遇知音，明月清风酬知己。李老师对我的指导和支持，激发了我内心的创作灵感，提升了作品的质量和影响力，她帮助我不断改进和成长。忘不了李编辑背后的辛勤劳动，还有很多老师的帮助，是他们默默耕耘，成就了我的辉煌。

后来，我和李老师经常互通电话，不仅谈工作，还经常聊聊生活。

低碳，在我们身边

我的"太阳能"家

我家"出台"了节水方案

家的"低碳先锋"

返璞归真 追逐自然

让生活更美好

做环保"达人" 尽一份责任

我和低碳美女的故事

有一次,她突然问我:"如果放开二孩,你会愿意再生一个孩子吗?"我向她表达了强烈的愿望。我告诉她,刚结婚那段时间觉得一个家庭生一个孩子轻松自在。但是后来,我在柿竹园有色金属有限责任公司的井下单位兼职女工委员,了解了许多计生政策和全国2000万失独家庭的庞大数据后,我就特别想生二孩。就这个问题,李老师顿时提起了很大的兴趣。也许同是为人母的缘由,之前每次给我打电话只有二三分钟,但这一次我们竟然聊了30分钟。

我告诉她,原本国家的计划生育政策中有一条政策是针对矿业、林业、渔业的,就矿业来说有一条政策:从事井下作业5年以上并仍然在岗的一线井下工人可以生二孩。我向李老师反映,国家的这一条政策主要是考虑采掘工是高危工种等因素,如果多一个孩子对家庭会好一些,但到了地方的计划生育部门,这一条形同虚设,变成不予执行的条款。我们单位有一个井下"90后"风钻工,因为他多生了一个孩子而被处以留矿察看处罚。我把矿上一线员工真实的生存状态和生二孩的必要性,还有自己为什么想生二孩的缘由,毫无保留地与她倾诉,没想到李老师竟然把我想生二孩的诉求带到了两会,向全国政协委员反映。后来,国家计划生育政策真的放开了,我在此感谢李老师帮我们矿工的呼吁。

另外,对于我投过去的每一份稿子,她常常会说:"曾鑫波,你写稿又好又快。"我们常常就是这样在QQ里聊一会儿,很多时间就是这样从一个话题又聊到了另一个话题上,就成为下一篇稿件的约稿话题。对于默默无闻地为他人做嫁衣的编辑老师,我常怀感恩与敬畏之心。

就是这么约稿、写稿,这份报纸已伴随我将近15年,助我学习,助我工作,助我成长;点燃的青春之火,成了我人生前进航线上的灯塔,指引我走上"从文"之路,给我插上了梦想的翅膀。

这就是我与李老师的故事,让我感受到了文字的张力。

第一次见到尾矿库

2013年4月,我和同事安会珍一起去云南思茅山水铜业公司出差,去采写"尾矿库细粒尾砂模袋法堆坝技术"。那是我们第一次亲临矿山现场探寻尾矿库的神秘堆坝技术,采写了《北京矿冶研究院成功打造尾矿安全新模式》一文。

当我们得知"尾矿库细粒尾砂模袋法堆坝技术"列入全国推广的安全先进适用技术的消息,并知道该技术已在云南玉溪矿业有限公司成功推广应用,而且了解到该技术有效地解决了细粒尾矿坝体上升速度慢、渗透性差、浸润线高、干滩长度短等难题,实现了细颗粒尾矿的安全、高效、低成本筑坝等方方面面的突破时,看到这样的消息,通过联系,我们前往了云南昆明。

我和同事安会珍出去采访,配合得非常默契,可以说打出了新闻人的"组合拳"。安会珍负责寻找新闻素材,我负责采访的切入口;采访的时候,我们真诚地倾听,既不打断他人的叙述,也偶尔回应点头微笑;当被采访者把话题说得太遥远时,我们及时拉回采访内容,这样的配合可谓相得益彰;记难点,记数字,记容易错的地方,当被采访人说到有趣味的故事,我们相视一笑,让采访氛围变得和谐松弛。

我们从北京飞到昆明,转机普洱时,已经夕阳西下。如果当天继续赶往矿山,还需3个多小时路程。当时天色已晚,山路十八弯,没有路灯，为安全起见，我们在普洱休整一宿，第二天一大早坐上越野车向目的地出发。

那时候，一想到云南，山水秀丽，处处飘香，多么旖旎；再想想不曾见过的大山深处的尾矿库，特别神往，心中想去领略千山万水的繁华。

第一次坐上越野车，高山葱郁，天空湛蓝，眼里美好。当汽车翻越了一座座高山峻岭，才感受到路途无尽。其实从普洱到目的地只有107公里，弯弯绕绕的山路，越野车载着我们颠簸了3个半小时。当时，我已经晕车了，吐了几回，一身疲惫，一路秀丽风景再也无暇顾及，接我们的师傅说，过了施工修路地段就好了。

中午时分，烈日当头，我们终于抵达矿山，在一处村舍模样的农家小院里坐下，饭菜和炊烟的味道飘过鼻尖，才感觉饥肠辘辘，收拾了一下疲惫的神态，准备吃点热乎的饭菜。

这时，人力拉水车从山下将饮用水送到了食堂，我们才知道这儿的饮用水还得从山下靠人力一车一车运上来，实属不易，弥足珍贵。

矿山有两处食堂，这家是其中之一，简简单单。篱笆墙里，几只大公鸡无忧无虑地边走边觅食；斜坡下，有些狼藉，一些瓶子、烟蒂、烟盒横七竖八地躺在角落里。我们享受了矿山独到的饭菜，品尝了野山菌的美味佳肴。

吃完饭后，当我们站在矿区高处眺望远方时，发现被群山包围的选场、排土场内一辆辆大型施工车蜿蜒穿行，满载矿石的卡车看不到哪是头哪是尾，露天开采的壮观让静谧的大山顿时有了生机。

我们走向尾矿库，尾矿库建在四面环山的盆地里，树林莽莽苍苍，幽深秀丽。我们走在灌满细粒尾砂的黑色模袋上，我看到几个工人穿着雨靴、抬着长管忙碌作业，他们一个个肌肤黝黑，像在田间地头忙完了农活的村民，聚精会神地对陆上部分模袋进行洒水工作，并将模袋灌浆口与输送泵的橡胶软管连为一体，充灌自上而下，沿两侧向中间依次进行……远处，黑色的尾砂从不同位置的长管向尾矿库喷洒着，尾矿库呈现出一幅气势磅礴的泼墨式画卷。

我们沿着堆坝的下游方向望去，一条被称为小黑江的河流碧水荡漾、波光粼粼，这条小河是澜沧江的支流，下游就是湄公河。

站在尾矿库的模袋上，我和安会珍突然想考验模袋堆坝到底有多结实，我们会心一笑，使出全身气力在模袋上蹦跳，一、二、三开始，蹦啊，跳啊，模袋"安然无恙"，坚硬如土地。此时，三面环山的尾矿库，砂面听不见流动的声音，远处的林子不时传来鸟鸣声，静谧的大山留下了我们叽叽喳喳的欢声笑语。

那天，我们采访到很多素材。

我们了解到，尾矿库是一种具有高势能的人造泥石流的危险源，在长达几十年的时间里，各种自然的雨水、地震、鼠洞以及管理不善等因素，时刻威胁着尾矿库的安全。尾矿库一旦失事，将给工农业生产及下游人民生命财产造成巨大的灾害和损失。

我们了解到，随着国家对矿产资源保护力度的加大，企业开始改造升级选矿技术，提高选矿回收率，矿石越磨越细，资源在一定程度上得到了充分利用。可是这些被磨得很细的矿石，选矿后精细的尾砂不仅改变了形态，而且还要按原来的方法堆坝，这样一来给尾矿库堆坝带来了很多问题。众多的尾矿库要么变成了病库，要么是险库、危库，继而导致很多尾矿坝出现安全事故。

当时，思茅山水铜业大平掌尾矿库就是一个很典型的例子，起初该公司因为小规模生产，设计的尾矿库总库容为 958×10 立方米，总坝高150米，随着选厂生产规模的不断扩大，选矿能力由当初的1000吨/天扩大到4000吨/天，而排砂的尾矿库仍然是同一个库，这就导致了该库尾矿堆存上升速度过快，坝体浸润线偏高，干滩长度较短，泄洪能力不足，尾矿库长期处于高水位运行，安全隐患成了企业发展的主要瓶颈。

在这种情况下,思茅山水铜业决定选择新技术改造升级尾矿库,而模袋法堆坝新技术的特点主要体现在堆坝强度高,使尾砂形成一个整体;利用模袋布的透水不透浆特性,排水固结速度快,有利于快速堆坝;工艺成熟,操作简单,可边生产边筑坝,不影响生产。

思茅山水铜业大平掌尾矿库是北京矿冶研究总院(以下简称"北矿院")第一个尾矿库综合治理总承包现场技术服务项目。为了干好这个项目,尽快消除大平掌尾矿库的隐患,以及为配合4000吨/天发展规模的配套工程,早日让模袋法堆坝在大山深处得以充分展现,北矿院迅速组建思茅大平掌尾矿库现场技术服务项目部,通过3年时间的工期建设,模袋法堆坝技术不仅填补了国际国内矿山行业的空白,而且创造了三个第一:第一个创新我们国内尾矿库上游堆坝方式;矿冶总院第一个在尾矿库方面作为新技术进行总承包;第一个获得北矿院高达100万元以上基础研究资金。

模袋法堆坝技术的应用,让山水铜业尝到了真正的甜头。三年前,该企业尾矿库曾因安全隐患被云南省安监局挂牌;三年后,由于该企业为第一家大胆尝试新技术的公司,有色行业以及相关行业前来该企业尾矿库参观、学习、取经,实现了双赢。

往事难忘,那些记忆鲜活的画面,是我们深入一线基层的收获,不仅收获了不同的景观,还收获了不同人物的故事,倍感鼓舞。

采访中,"尾矿库细粒尾砂模袋法堆坝技术"团队的年轻人非常励志,他们为了用新技术建设尾矿库,保障尾矿库的安全性,团队人员吃苦耐劳、锐意进取。最初日子,他们用旧板材搭建活动板房,将办公室搬到尾矿库边;与施工企业同吃、同住、同摸索;严寒酷暑、蚊虫叮咬,迎接挑战;千沟万壑,挡不住团队人员前行的脚步，饿了，面包就着矿泉水，为了理想目标，拼尽全力。

我听到，他们不到半夜 12 点，就没有睡过觉；有时 20 天，他们不曾换洗过衣服；我听到，矿里仅有一家理发店，几年来，大伙儿理出的发型如出一辙；山路颠簸，但他们一年仍往返山里几十回。

在堆坝现场，见到一支施工队伍，该单位负责人说了这样一段话："每当看到跟随自己从家乡江苏来云南施工的兄弟们，我就心疼，刚来时，他们个个白面书生，几个月之后，云南的日头把他们晒得黝黑黝黑，为了让父老乡亲安心放心，员工们每当轮班回江苏探亲时，我会让他们在昆明多逗留几天，让肤色缓和一些。"

听到这样的肺腑之言，那是矿山人最为真挚的情谊。那次采访，还收获了专家提出的需要重视尾矿库专业人才青黄不接的问题和建议。通过归纳总结，大致因素包括"文革"十年产生的断档；20 世纪 90 年代矿业行业的不景气，使得尾矿库领域的人才出现断层，形成了上至 70 岁、下接 35 岁阶层的人才缺失现象。专家表示，尾矿库技术要想有所突破，需要年轻人接力研发新技术，同时作为研究设计单位，在新技术的研发过程中，要吸取全世界范围内同行业、相关行业的先进理念，在吸收消化的基础上，研制出成熟的技术，让产学研深度结合，走多方共赢的发展之路。

日月其迈，时盛岁新。多年之后，想起往事，那些明媚灿烂的记忆历历在目，我和安会珍一起出差了 3 次，我们一起打出的"组合拳"让人流连忘返，挺怀念那些心平气和的岁月。最为感动的是那些守着大山的队伍，他们坚定的信念和朴素的情怀，不仅陶冶心灵，而且为发展动能增强了引领作用。

平凡地开出属于自己的那朵花

有一年冬天，去深圳出差，司机师傅接上我后，汽车行驶在高速公路上，夕阳映红了天边的云霞，给远处的群山涂上了颜色，眼前景色醉人。我拿起手机不停地追随时隐时现于山林间的落日奇观，师傅以为我在拍葱郁的树木，他用广东普通话淡然地说："我们这边的树叶是不会掉下来的。"听到这话，我笑了起来："师傅，您真幽默，这形容有点意思。"我知道师傅想表达广东一年四季的青翠，当他用"不会掉下来"形容窗外意境时，我看到阳光从树叶缝隙投射过来，星星点点的光彩，让人心旷神怡，喜气洋洋。

有时出来采访，偶尔因为这样一个小瞬间、小前奏，使人内心美好，万丈光芒。

往往，对方无意的一句话就是最接地气的内容，沿着最接地气的内容去追问，话匣子打开了，挖掘的内容越来越多。

从采访到听录音，再到写文章报道刊发，要经历整理录音信息量，前前后后需要不断地听、不断地整理，其实这也是历练的过程。哪些文字有用，哪些话语没实际意义，哪些内容放哪个段落，谋篇布局，时间久了，通过不断地锻炼和驾驭，慢慢地就找到了感觉，不再为众多内容而发愁。

喜欢写文章，还得感谢我们报社总编张春甫，记得有几次采写的文章出炉时，张春甫不吝言语，他会表扬我写的文章篇幅长，驾驭能力强，本来我并不知道自己还有这个小优点。后来，就觉得写文章是一件赏心悦目的事情，从此心生喜悦。

我今天非常感谢张春甫，他给我指出了一条热爱写作的路。

慢慢地，在采访中，我喜欢对一些细节进行观察，细节可以带出我们就在现场。

记得曾经看过一篇社会新闻报道，一个记者前往一线采访，当他赶到矿山，找到了要采访的那家人时，门上铁将军把门，当时，这位记者把眼前看到的真实情景写进了报道，大致情节是他从锁孔中看到这家人的堂屋里桌子下横七竖八地放着十几双破底烂帮的旧胶鞋……这细节表明这家人的艰苦和贫穷，表明这位记者对眼前事物观察得非常细腻。

这种写法感染着我，跟随那位记者描述的情景，我仿佛从锁孔处看到了南方山里人家堂屋里狼藉的形象，让我想到记者深入现场，采访观察、采访细节，满满的现场感和代入感，不仅耐人寻味，而且让更多的人了解生活的画面。

于是我就这样喜欢上细节。在采访中，有时喜欢倾听，有时喜欢追问，慢慢地，越发感觉每个人都有自己对问题的看法，每个人内心都有一抹阳光，熠熠生辉，这些能量传播着力量，即使在矿山最艰苦的岗位，也会让人感知繁花似锦。

作为通讯员，企业新闻很多，保持热情，保持对新闻的敏感，尽可能地去现场采访，获得最接地气的资料，把采访到的故事像珍珠一样，一个又一个地串起来，讲给行业听，让行业了解企业，让企业了解同行，让更多的人可以在文章中跟随通讯员的眼睛看到企业最为真实的样子，在宣传企业的同时，自己也会不断地进步，两全其美。

这些年，我一直在平凡的岗位上，约稿、改稿、写稿，平凡地开出属于自己的那朵花。

意外的惊喜

2024年2月29日,同事罗娜发来短信:李姐,你写的《去过德令哈》那篇副刊作品,今年准备申报行业报好新闻,有个表格要填,填作品简介、采编过程,写200字就行了。

听到这个消息,我很高兴,《去过德令哈》这篇文章通过罗娜润色,在我们报社副刊上发表。在此,非常感谢罗娜,感谢报社同人,谢谢大家的关爱。祝报社越来越好!愿同事们更加精彩!

于是,我写下了一段文字:

2023年11月,前往青海大柴旦,采写了《走进金诚信锡铁山项目部》。说到大柴旦,要从飞鸽传书的年代说起。那些年,中国有色金属报社每年开宣传工作会议时,我们一次次在信封上写着大柴旦的名字,那是我们行业企业所在地,会议通知就这样从北京飞往祖国大地。自此,对大柴旦的名字熟悉亲切起来。从此,再也没有忘记大柴旦。去大柴旦,要在德令哈转机,听到德令哈已经令人心驰神往,更遑论能亲身感受一下当地的风土人情,从另一个侧面来说,又能挖掘不同的细节,于是,在深入一线基层采访过程中,就有了德令哈的有感和见闻。

下面,将《去过德令哈》这篇散文分享给大家。

去过德令哈

(一)

听到德令哈这个名字,特别向往,即使是高原,也要执着前行。

11月1日,前往德令哈,虽说只是从德令哈市郊绕行,德令哈的土地也算因此驻足过。

从德令哈一路向大柴旦方向锡铁山矿山行驶,绵延的群山,远处,雪峰像哈达一样洁白,那是青海的天空,明媚晴朗空阔。我庆幸,在老去的时光里,心中还有对这般美好时光的悸动。

向往青海格尔木的高原辽阔,憧憬诗意的德令哈。

德令哈是蒙古语,解释为"金色的世界"。

知道德令哈是曾经在诗人海子的文章中读过,那首诗叫作《姐姐,今夜我在德令哈》,海子写道:"姐姐,我今夜只有戈壁;草原尽头我两手空空,悲痛时握不住一颗泪滴……今夜我只有美丽的戈壁,姐姐,今夜我不关心人类,我只想你。"

读过的诗,或许那份共情因了海子"连一颗眼泪都抓不住"而怜悯起来。

说实在话,随着岁月的流逝,很多东西早已忘记,而德令哈的名字也早已成了碎片化的记忆,如果不去青海也想不起来德令哈。

也因为要去德令哈,想到20世纪80年代的海子,当他来到德令哈时，或许被戈壁一望无际的星辰所震撼。那时，他是怎样思念那恋中的女孩，但女孩已经做了别人的新娘。

海子像所有的年轻人一样为爱痛过哭过哀伤过，察尔汗盐湖的上空有他疯狂的呼喊声吗？

那天，海子看过怎样的云彩？他或许被高原春暖花开的泥土芳香绊住了回家的路，他或许想永远躺在这片浩瀚的天空下，把诗歌写到尽头，只有放牧的蒙古人和遍野的牛羊知道他来过，他点点滴滴的泪水，德令哈帮他拭去的那一刹那间，德令哈温暖过他身心疲惫的灵魂。

（二）

汽车驶过一个又一个山峰，向大柴旦挺进。

多少年以来，听惯了大柴旦的名字，听到大柴旦就想到了锡铁山矿，这是我们有色金属行业的骄傲，这座矿山从20世纪50年代开始，源源不断地为国家输出铅锌矿，为国家的繁荣发展做出了很大的贡献。

从德令哈坐了两个多小时汽车后，终于见到了锡铁山。锡铁山是个小镇，三两条"街道"向大山伸展着，低矮的天空像蓝色的海洋深邃广阔，有时白云变着花样云卷云舒，就几天时间，我看过"羊排"一样的云彩，当我发出图片时，朋友们看到它的模样，竟然说闻到了孜然的香气；我看到密密麻麻像渔网织成的天空，白云挡住了太阳的热情，太阳想方设法要冲破云层，当万丈霞光洒在大地时，盐湖变得五光十色，波光粼粼。

我有些爱这里，仿佛看到掉秃的树枝讲述着高原的故事：从前有座山，山里有座大矿山，矿山里住着采矿人，他们为了把矿石开采出来，为了养家糊口，他们在大山深处守着春，迎来夏，送走秋，在漫长的冬季听着"突突突"的开采声。

矿山是枯燥的。

这儿，除了矿工，除了少量的家属，除了幼儿园几个孩子以外，小学、中学的孩子们都前往西宁读书了，这儿见不到生机勃勃的学生队伍，也见不到接送孩子的姥姥姥爷、爷爷奶奶们，这样的队伍对矿山而言遥不可及。

既然来了，我想我喜欢这儿的原因还有一点就是没有高原反应。

11月2日，想在小镇上走走，一路上看不到行人，小镇"享受"着太阳最为炙热的拥抱。终于，我看到两位女士在路边坐着，于是好奇地问她们是在晒太阳吗？她们说这儿的太阳晒了马上就把人晒伤了。我又问她们喜欢这儿吗？她们非常肯定地用西北人的耿直说："不喜欢。这儿有什么好的。"

即使没有什么可喜欢可留念，她们年年都要来锡铁山待上俩月，陪伴着矿工的丈夫能吃到热气腾腾的饭菜。

其实，这就是对矿山最为纯朴的爱。

（三）

11月初的大柴旦，海鸥还没有迁徙，水天一色，水中的海鸥不知道在等待着什么？它们终究是要去哪里过冬？

三三两两的游人向小盐湖走近时，海鸥睁大了眼睛向游客飞来，时而低空，时而小步慢跑，但两眼紧紧地盯着游客手中的面包和零食，当面包碎屑抛向土地时，海鸥高兴地叫着，抢着地上的食儿，海鸥真的很聪明，当游人再也变不出面包碎屑时，海鸥一步一回首，恋恋不舍地向盐湖中心飞去。

一会儿时间，又来了3位年轻人，海鸥见状又飞了回来，可是这些年轻人却忘了带些食物，只听小姑娘埋怨男友："我说了买点面包，你非说不用。"男友赶紧给自己台阶下："这儿如果有个小卖部就好了。"就这样，他们错过了投食的快乐。

当追赶着海鸥，目睹海鸥翩翩起飞时，海鸥快乐的样子，我们置身其中，瞬间，天地之间豁然开朗，我们又何尝不是快乐的。

离开盐湖，继续前行，湖光山色渐渐远去。

去过德令哈，感受过大柴旦，大柴旦不再陌生，这片土地民风淳朴，也正是我们有色人的精神写照。

分享采访感受

而我最想分享的是在写《走进金诚信锡铁山项目部》这篇文章时,听到和看到的一些小细节。我们知道,出来采访,一部分内容靠企业提供背景资料,一部分内容需要自己去感受,也就是说既要采访主体内容,又要观察细节,这些观察感受的内容往往是细节,细节是鲜活的事实,是最透彻的人物灵魂。要想采访到细节,要提前准备很多的采访提纲,要不断地追问自己想要的内容,同时,要想观察细节,就要不断地发现和积累。

说说我当时感受的一些细节。

细节一:在锡铁山,当时住在企业招待所。每天,天还没有亮,企业的司歌准时响起,唤醒了沉睡中的人们。第一天,我没仔细听歌词,以为企业是例行公事放些唱片增加矿山的生机。第二天,我发现歌曲又循环起来,而且和昨天是同一首歌,于是我打开窗子,用心去听,才发现是开疆拓土歌颂我们自己企业的歌。于是,我把这一现象记录下来,心里美滋滋的,我有了前往一线的第一个小感受,并问企业要来了歌词,歌词的内容是:"你乘东风阔步来,诚信立世创品牌,众志成城向前进……啊,金诚信,我们永远的金诚信。"拿到这样的内容,这是企业让矿山人在第一缕阳光中感受企业的文化。我当时就想,起码一些企业还没有自己的司歌,或宣传不到位,员工无从得知。有时候,司歌就体现了价值理念，代表了一个公司的使命愿景，公司使命愿景立好了，这家公司才能立得住，首先在战略定位上很明确，让人去了解企业，知道企业为了什么而去发展。

细节二：行走在离井巷不远的小铁道边。当我向井巷回望时，看到装满矿石的无人驾驶电机车沿着轨道从井巷徐徐开来，于是，我数了一下车厢，15节，当时，我就赶紧问金诚信锡铁山项目部经理助理罗福兴，机车载着多少吨铅锌矿，问过之后，70吨的数字又成为文章中的一组数据。这期间，我还了解到电机车每天从装矿到出矿大约需要20分钟运行时间，一天运行50次左右，就一会儿功夫，这些数字展现了企业生产现场繁忙的景象。

细节三：在海拔3000多米的大柴旦，寻找艰苦的细节时，他们告诉我开水只能烧到80摄氏度，高压锅煮饭煮水，这是他们眼里生活的苦；在岗位上，一群人为了事业走到一起，他们凝心聚力，有员工告诉我，经理王佳年纪轻、能力强，大家服他，他有情谊，员工们不离不弃跟随王佳在矿山发展。这个时候，我寻找着王佳的情谊在哪。采访王佳时，王佳说了一个故事，他说，大柴旦高海拔，冬天气温近零下30摄氏度,有时候风机设备出了问题,维修工在维修过程中,冻得嘴皮都打哆嗦了,但他们毅然要把风机设备第一时间抢修好。这就是王佳的情谊,他用心观察工作中发生的细节,把一线的员工当成自己的兄弟姐妹。面对困难,王佳并没有说这些困难到底有多大,他仅用一个嘴皮都"打哆嗦",便把恶劣环境描述得淋漓尽致。他用这样的方式心疼着自己的员工,可谓视人为人,没有把员工当机器使用,让员工在他的引领下,变得更加优秀。一个好的管理者,能凝聚员工的动力,从而留住员工。听这样的故事,写王佳的人格魅力,写矿工们一年又一年守着矿山,风雨无阻,在采矿声中,同舟共济,为行业采出矿石,为服务社会做出贡献,多有意义。于是,从80摄氏度开水作引子,一段栩栩如生的小故事就是这样展开的。

细节四:我采访了来自陕西的贺城城,"90后"的他只有28岁。我们刚开始聊天时,他非常腼腆、拘谨,不知道说什么。于是,我就和他聊家常、聊老家进行热场,过了一小会儿,慢慢进入采访状态。这一聊,他开始畅所欲言,聊到他刚来矿山的时候,从上午8点下井,到晚上10点钟才出井,最长一次下井,一连下了15天。我问他艰苦吗?他说是锻炼和磨砺,而且说这些苦都吃过,以后还能有什么苦能打倒他?当我知道贺城城在井下主要从事矿岩边界工作,用肉眼目估矿石品位时,我继续追问,于是得到了一些数据。原来,他每天要将目估的数值与甲方化验的铅锌矿品位进行比较,一直要目估到数值误差为2%～3%才算达标,他用了3～4个月时间实现了目估品位能达到80%以上正确率。可喜的是,28岁的他已经开始作为师傅带起了徒弟。当我赞扬他时,他憨憨地笑了。这个小故事很励志,而这些具体数字就是追问的结果,也很有对比性。

细节五:当了解到10月份的锡铁山,树叶就掉秃了,矿山人一直到来年五六月份才能看到树叶发芽呈现一丝绿意时，漫长的冬季，他们在简易的花房种点花、种点草、种点菜。当时，我突然想到采访时不仅要采访矿山人紧张艰苦奋斗的工作，也要采访他们对美好生活的憧憬，而"花房"就是他们闲暇时最为浪漫的生活写照。当走进简易棚搭起的花房，暖暖的屋子里湿气很足，映入我眼帘的绿萝、仙人掌、吊篮、多肉等花草，摆满了花架，屋顶伸展着绿藤，小红灯笼藏在绿叶中，绕着屋子满满一圈；我眼前一亮的还有秋千，于是迫不及待坐在秋千上，哼着老歌"阳光、沙滩、海浪、仙人掌，还有一位老船长……"体验着矿工们的别样生活。此时，金诚信宣传部部长胡震环按下了快门拍下了这美好的瞬间，谢谢胡部长，多么浓郁的生活情调；郁郁葱葱之中，西红柿、茄子挂满架头，香葱散发着香气，生活气息扑面而来，他们把这儿打造得更有家的氛围，内心深处的热爱，男儿温柔的一面不经意间流露出来。我初来乍到，和他们一样喜欢这样的锡铁山。

还有很多小细节，没有一一展示。其实我们来到基层矿山进行采访，眼里保持着热情，把矿山生活气息和生产壮观景象真实地呈

现出来，从小处着手，让更多的人了解矿山的生活，了解矿山人保持的本色，他们从事着平凡而伟大的工作，艰苦的环境造就了他们吃苦耐劳的精神，让有色人一步一个脚印向着更高的事业拼搏奋斗，他们是最可爱的人。

记述真实的故事

综上所述，书写《中国铜铅锌冶炼技术发展散记》很大一方面因素，源于我曾经对有色金属行业铜冶炼领域"铜锍底吹连续吹炼"从试验到落地，再到第一家企业利用该技术对PS转炉进行改造落地等进行过专题采访报道。因为当时都是零零碎碎的报道，没有形成一定的系统性。当下，了解到行业企业不断进行创新来完善底吹技术时，一些感慨油然而生。于是，想做一个集子，把底吹连续炼铜故事从时间、地点、人物、事情发生的原因和经过、结果合到一起进行书写，这样让故事趋于完整。而实际上，这个集子中讲述的创新故事是无止境的，任何时候要想获得一个完整的结尾又是不可能实现的。但记录阶段性的创新故事，让读者看到准确的报道又很重要。所以，在书写的同时，一边采写新内容，一边记述行业的技术发展，讲企业故事，离不开人，豫光人为技术创新试验做了什么？前方圆人为试验提供了水淬500吨冰铜做了什么？当"铜锍底吹连续吹炼"试验取得成功后，华鼎铜业发展有限公司通过改造项目的落地，他们发现底吹技术有很多需要不断完善的地方，于是开始不断进行创新完善。而该书也是在对技术不断完善的过程中进行采访记录，对于技术而言，基础上更进了一步，这本身也是一件可喜的事情。前去一线采访这些推动技术发展的变化成果，以及通过专家访谈还原真实过程，形成了某一阶段相对完整的故事，本身很有意义，这就是写本书所选取的内容，让读者跟随访谈内容看到行业发展真实的故事，而要想让读者具有身临其境之感，我们则要走进基层一线，采访到更多别人没有的素材。

用专业性让改革成果遍地开花

通过采访，我深刻地感受到：要想做好一件事，根源在于培养兴趣，上述多家企业取得的技术性突破都源于专业人员对行业深沉的爱，为了行业长足发展不断深耕细作。无论哪个领域都是如此，回想我采访报道的这些年，跟过多次两会，与多位行业领军人物深入交流探讨，但真正领会新闻的实质性价值还是在认识了蒋继穆他们以后，我从他们身上看到了对铜冶炼行业不计回报地付出，他们对底吹炉像对待自己的孩子一样一心扑在上面。

实现伟大的事业，需要奉献精神。当底吹技术研发成功后，为了向国外市场进行推广，当年蒋继穆、申殿邦已 70 多岁，不怕困难，仍然发挥自身的力量，往返于国外铜企业进行技术交流；袁俊智结缘底吹技术后，为了让底吹炉更加节能降耗，即使成为企业一把手，他从未离开一线，发扬"吃苦在前，享受在后"的精神，不断在完善中摸索探寻，他们想用自身的专业性让改革成果遍地开花。

在培养专业性人才方面，他们发挥自己的"传帮带"特色作用，毫无保留地让专业人才干专业事。比方，蒋继穆在设计上提出相应的改进措施和建议，要求团队人员开动脑筋，让每一个项目必须进步一点，而不是直接复制照抄前一个项目的图纸，通过传达自己的思想认知，指明方向，以期带动队伍在未来的实践中取得更好的成绩和效果；李若贵在项目实施过程中"传帮带"，腾出位置让年轻人发挥才干，同时为了提高业主单位技术人员的技术水平，不藏着掖着，传授自己积累的经验，培养企业基层人员的理论知识，让更多的人快速掌握业务知识和技能；袁俊智在"传帮带"上表现出的是雷厉风行的态度，认准目标坚定前行，在技术领域不给自己和团队留后路，鼓励员工把眼光放长远，用他的话来说就是，没有过不去的火焰山——"必须过"，由此，带出了一个能打胜仗的队伍，形成了良好的团队合作氛围。

作为国家级设计大师的蒋继穆，没有一点儿架子，平易近人、和蔼可亲。他曾经说过一句话，做官是暂时的，做人才是长长久久的。而这样的大师低调做人、高调做事，一直保持内心的平和，多做事、做实事，把国家的利益放在第一位，全心全意为企业服务。他用一颗拳拳之心爱企业，为了铜冶炼事业的美好明天，坚定信念，眼里有光芒。

严谨的态度。在写作过程中，蒋继穆作为本书编委会的副主编，在审稿过程中，拿不准的问题，他一一核查，并不断打电话进行数据核实，知行合一体现无疑。

"全国有色金属行业设计大师"李若贵，为解决行业难题，退休后仍然奋战在锌冶炼行业。一年365天，经常100多天长途跋涉在一线，立足企业实际，深入调研，他设计的项目遍布国内各大型锌冶炼企业。一直以来，让国内锌冶炼企业实现大焙烧炉是他最大的夙愿，从引进第一台109平方米流态化焙烧炉开始，为了寻求在项目建设上用大焙烧炉实施突破，坚定有想法才有办法的信念，他牵头研发了152平方米流态化焙烧炉，并在此基础上研发出了186平方米流态化焙烧炉，为行业解决具体问题做出了很大的贡献。干一项工作有一次提高是对李若贵工作的最好诠释。

在他们的引导下，我们不仅丰富了内心世界，也明白了很多道理，自我革新，不断完善，努力去做好一件事情，充满信心，迎难而上。我们要延续老一辈人的"传帮带"精神，发挥有色人的创新创造作用，以科技引领让"卡脖子"问题迎刃而解。

致　　谢

感谢蒋继穆、申殿邦、李若贵、袁俊智在百忙之中抽出宝贵时间讲述有色金属行业的发展历程，并对文章的数据进行深度核实，保证本书的专业性和精准度。

感谢李永新、翟武弟、曾鑫波对矿山行业的独到见解，向大家致以诚挚的谢意。

感谢一路走来出现在我生命中的诸多贵人，为我踏入有色金属行业指明了方向，正是因为有你们，铜冶炼行业、锌冶炼行业发展有了主心骨，有了根和魂，培养造就了一批又一批专业化的人才为中国式现代化接续奋斗着。

时光荏苒，转眼间我在有色金属行业工作了20多年。记得刚走入这个行业时，对金属品种一个比一个陌生，但是慢慢地，出去有人问："你们有色金属行业是做什么的？和黑色金属有什么不同？"我马上就能说出："生产铜、铝、铅、锌、锡、镍、钨、钼、锑金属的行业；黑色是指钢铁范围的冶金行业。"20多年，去过不少企业，结识了不少朋友，建立了深厚的友谊。这些年来，从大家这儿学到了很多行业领域的知识，感恩大家。

为编写本书，我从春天出发，如今已迎来了盛夏，在一个个明媚的日子里，除了采访，就是沉下身子将一个个故事串起来，实事求是地讲述行业企业科技工作者的正能量故事，在大家的帮助下，

《中国铜铅锌冶炼技术发展散记》有幸与读者见面了。说实话，非常激动！这本书，虽然是以采访形式进行书写编排，而且还有一些是曾经的资料进行补充，书中的每一个人物，都是学习的榜样，能采访上他们可谓荣幸之至。通过一同探索行业一些领域的发展过程，感受澎湃发展中技术进步的变化，让我们一起为实现中华民族伟大复兴的中国梦而努力。

　　由于自己知识匮乏、水平有限，很多精彩创新故事挖掘有限，不足和错误之处，敬请大家批评和指导。

2024 年 3 月